IT Resilience

ITレジリエンスの教科書

止まらないシステムから
止まっても素早く復旧するシステムへ

大和総研
Daiwa Institute of Research

SE
SHOEISHA

本書内容に関するお問い合わせについて

このたびは翔泳社の書籍をお買い上げいただき、誠にありがとうございます。弊社では、読者の皆様からのお問い合わせに適切に対応させていただくため、以下のガイドラインへのご協力をお願い致しております。下記項目をお読みいただき、手順に従ってお問い合わせください。

●ご質問される前に

弊社Webサイトの「正誤表」をご参照ください。これまでに判明した正誤や追加情報を掲載しています。

正誤表　https://www.shoeisha.co.jp/book/errata/

●ご質問方法

弊社Webサイトの「刊行物Q&A」をご利用ください。

刊行物Q&A　https://www.shoeisha.co.jp/book/qa/

インターネットをご利用でない場合は、FAXまたは郵便にて、下記“翔泳社 愛読者サービスセンター”までお問い合わせください。
電話でのご質問は、お受けしておりません。

●回答について

回答は、ご質問いただいた手段によってご返事申し上げます。ご質問の内容によっては、回答に数日ないしはそれ以上の期間を要する場合があります。

●ご質問に際してのご注意

本書の対象を越えるもの、記述個所を特定されないもの、また読者固有の環境に起因するご質問等にはお答えできませんので、予めご了承ください。

●郵便物送付先およびFAX番号

送付先住所	〒160-0006　東京都新宿区舟町5
FAX番号	03-5362-3818
宛先	（株）翔泳社 愛読者サービスセンター

※本書に記載されたURL等は予告なく変更される場合があります。
※本書の出版にあたっては正確な記述につとめましたが、著者や出版社などのいずれも、本書の内容に対してなんらかの保証をするものではなく、内容やサンプルに基づくいかなる運用結果に関してもいっさいの責任を負いません。

※本書の内容は2022年6月15日現在の情報などに基づいています。

発刊にあたり

産業構造や競争環境の変化を受け、日本ではデジタル化によるビジネスの変革（DX：Digital Transformation）がかつてないスピードで進んでいます。このデジタル化において、それぞれの企業の事業を実現する情報システムの機能を相互に活用し、新たな価値、サービスを生み出す動きが加速しています。

この動きは、パブリッククラウドや他社サービスなど、自社ではコントロールできないシステムの活用がDXには欠かせなくなっており、情報システムの品質がそれを活用している企業、さらにはその企業の顧客へと広範囲に影響を与えることを意味します。したがって、情報システムがもたらす機能の信頼性の確保、およびシステム障害時の迅速な回復力（レジリエンス）が、これまでとは比較にならないほど重要になってきています。

インターネットの利用が広がり、システムの構造が大きく変化した2000年代の障害経験を契機に、大和総研では情報システムの抜本的な品質向上に取り組んできました。その際、情報システムの障害の発生を完全には避けることができないという認識の下、運用時点ではなく構築時点で、障害が起きにくい構成・構造を追求するとともに、障害の予兆や発生をいち早く検知し、いかに迅速に復旧させてサービスの継続性を確保できるかという、ITレジリエンスを徹底的に考え抜き、実践してきました。そして、それを「運用中心フレームワーク」という社内標準としてまとめ、ブラッシュアップし続けています。

私たちは、現在のデジタル化による変化を企業がより一層飛躍できるチャンスと捉えており、私たちが蓄積してきた「運用中心フレームワーク」のエッセンスがその飛躍に寄与できると確信しています。本書は、このエッセンスを読者の皆さまにご理解いただけるようわかりやすい形に整理・改変・加筆し、発刊するものです。

本書が、読者の皆さまの業務はもとより、デジタル化を通じたわが国のさまざまな組織の競争優位実現のお役に立てば、これに勝る喜びはありません。

2022年8月

株式会社大和総研 代表取締役社長

中川 雅久

はじめに

従来、システム障害は起こしてはならない、完璧なシステムを構築しなければならない、という価値観が強かったと思います。

本書では、「情報システムの障害発生を完全に避けることはできない」「障害の要因を根絶することは不可能である」、もしくは「根絶するには膨大なコストと時間がかかり見合わない」を基本の考え方としています。

だからといって、障害を起こすシステムを構築して良いなどといっているわけでは当然ありません。「障害は発生するもの」という前提に立ち、信頼性向上の観点から「**障害が起きにくい構成・構造にすること**」、レジリエンス確保の観点から「**障害の予兆や発生を検知し、迅速に復旧・業務継続できる構成・構造・運用にすること**」という2つを同時に実現することが重要だと考えます。「レジリエンス」とは、通常は後者の「障害から復旧・回復する能力」をいいますが、本書では業務継続の観点から、前者の「信頼性向上」の意味も含めてレジリエンスとしています。

本書は、情報システムの導入・構築に携わる皆さんが、**ITレジリエンスを確保するために各プロセスにおいて留意すべきポイント**を、筆者らが作成したフレームワークを通じて基礎知識としてお伝えするものです。

「フレームワーク」とは、一般に枠組み、骨格、構造などを意味しますが、ITの分野では、システム開発・運用において、基礎となる構成・構造・設計思想・ルール・ノウハウなどの集合体をいいます。**フレームワークにより、システム構築プロセスの不備、属人化などによって発生するシステム障害や品質低下を回避でき、システム障害からの迅速な復旧も可能となります。**

本書の構成は下表の通りです（1-2-4も参照）。

	内 容
第1章	ITレジリエンスを確保するフレームワークを構成する要素
第2章	フレームワーク内のリスク対策を施したシステム構築のルール
第3章	フレームワークやITパートナーからの提案を理解するための、システム可用性の基礎知識
第4章	フレームワーク内のコンティンジェンシープラン（緊急時対応計画）策定の基礎
第5章	フレームワーク内の障害訓練の基礎
付録①	システム障害時対応の留意点
付録②	システム障害の原因分析と対策立案の基礎

なお、システム構築にあたり、システムの発注者はITパートナー（ITベンダー）との間で、RFI（Request For Information：情報提供依頼書）やRFP（Request For Proposal：提案作成依頼書）を出したことがあると思います。その返答として得られた情報や提案書に書かれた技術をある程度理解できないと、障害が起きにくいシステムの構造設計が行われているか、障害が起きても迅速に検知・復旧できる対策がとられているか、内容を評価できません。このため、システムの可用性（情報システムが継続して稼働できる能力）に関する基礎知識が必須と考え、第３章に掲載しました。

また、システム障害が発生してしまった際は、迅速な対応はもちろん、対応後の原因分析、さらには構築工程・内容の改善が不可欠となります。これらの作業に役立てていただくことを目的に、「システム障害時対応の留意点」「システム障害の原因分析と対策立案の基礎」を付録として掲載しました。

本書が情報システムの導入・構築に携わる皆さんにとって、実践的なシステム構築の指針となり、情報システムの安定運用、ひいては情報システムが企業・団体などのビジネス課題の解決に日々貢献する一助となれば幸いです。

2022年８月　株式会社大和総研執筆者一同

本書における関係者の表現

ITに関連する関係者については、契約面や役割面などから、さまざまな表現の仕方があります。本書では、次のように表現するものとします。

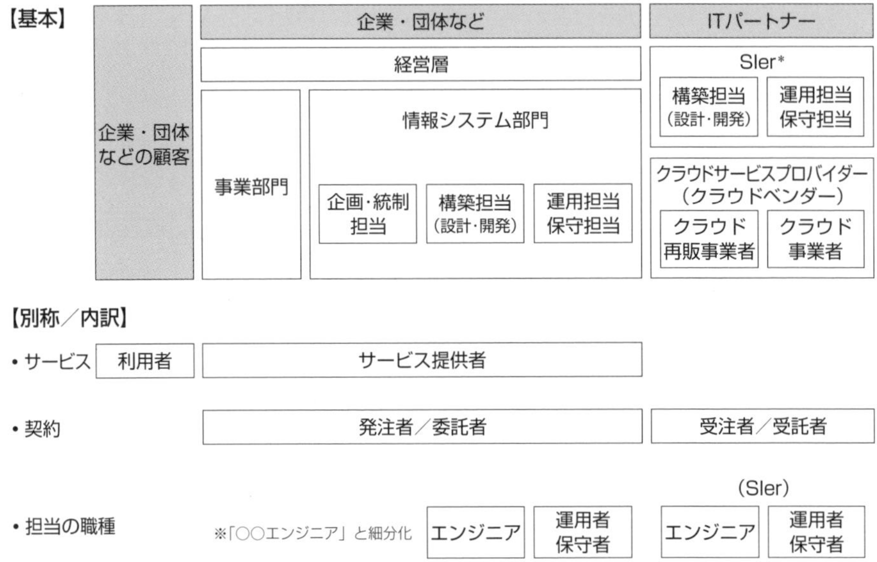

用語 SIer（エスアイヤー）

System Integrator（システムインテグレータ）の略。企業や団体などの情報システムの構築、運用などの業務を一括して請け負う事業のことをシステムインテグレーション（SI：System Integration）といい、その事業者をSIerと呼ぶ。

ITレジリエンスの教科書◉目次

発刊にあたり　3
はじめに　4
本書における関係者の表現　6

第1章　ITレジリエンスを確保するフレームワーク

1-1　ITレジリエンスとは何か？……14
1-1-1　ITサービスが社会へ与える影響　14
1-1-2　ITにおけるレジリエンスの重要性　15

1-2　フレームワークの構成要素……18
1-2-1　システム障害のないシステム構築は可能か？　18
1-2-2　リスクコントロール設計が重要　20
1-2-3　フレームワークを構成する3つの要素　23
1-2-4　危機管理計画の観点から考える　25
1-2-5　システム構築のルールの位置づけ　27
Column　運用中心フレームワーク　28

第2章　リスク対策を施したシステム構築のルール

2-1　予防策に関するルール（全般編）……30
2-1-1　上流工程をしっかり行うという基本を守る　30
Column　情報システムの構築はユーザーとITパートナーの共同作業　33
2-1-2　システム全体の稼働イメージを持つ　34

2-1-3　システムの独立性を確保する　37
2-1-4　対外接続において外部の障害や遅延を想定する　40
2-1-5　設計・開発工程の終了直後にテスト計画の策定を開始する　42

2-2　予防策に関するルール（非機能要件編）……45

2-2-1　非機能要件を重視する　45
2-2-2　容量・性能設計は前提条件に注意を払う　46
2-2-3　運用・保守要件は可能な限り自動化対応する　52
2-2-4　運用要件は障害対応を想定して設計する　55
2-2-5　システム移行を入念に計画し、移行リハーサルで検証する　62

2-3　予防策に関するルール（標準化編）……70

2-3-1　機器・ミドルウェア・クラウド利用の標準化を行う　70
Column　大和証券グループのプライベートクラウド　72
2-3-2　システムの可視化のためにドキュメントを維持する　75
Column　ソフトウェア開発における課題　78

2-4　検知策に関するルール……79

2-4-1　監視の基礎　80
2-4-2　アラームは対策の実行時間を考慮して設計する　86
2-4-3　正常稼働監視をあらかじめ組み込む　88
2-4-4　通知後のアクションを促すような監視メッセージにする　91

第3章　システム可用性の基礎知識

3-1　システム可用性の基礎……94

3-1-1　安定稼働に貢献する可用性、信頼性、保守性の対策　94
3-1-2　システム可用性と稼働率の関係　95

Column 可用性が向上するインフラのコード化（疑似ソフトウェア化） 97

3-2 冗長化の基礎 …… 98

3-2-1 冗長化対策とその効果 98

Column 長い歴史を持つディスクの冗長化技術（RAID） 99

3-2-2 サーバーの冗長化 100

3-2-3 DBサーバーの冗長化 105

3-3 保守に関わる基礎 …… 107

3-3-1 保守作業の基礎 107

3-3-2 冗長化構成を活かしたメンテナンス方式 107

3-3-3 ITリソースの拡張方式 109

3-4 仮想化の基礎 …… 112

3-4-1 仮想化の特徴とその効果 112

3-4-2 サーバーの仮想化技術 114

3-4-3 ストレージの仮想化技術 116

3-4-4 ネットワークの仮想化技術 118

3-5 クラウドの基礎 …… 121

3-5-1 クラウドの成り立ちとその特徴 121

3-5-2 クラウドのサービス提供形態 123

3-5-3 クラウドの導入効果と注意点 128

3-6 パブリッククラウドサービスの基礎 …… 130

3-6-1 パブリッククラウドサービスの基礎知識 130

3-6-2 アベイラビリティゾーン、リージョンの冗長化構成 131

3-6-3 パブリッククラウドで実現する高可用性実装方式 134

3-6-4 マネージドサービスの活用 138

3-7 アプリケーションの可用性 …… 139

3-7-1 コンテナ技術による可用性の向上 139

Column Docker（ドッカー）とは？ 140

3-7-2 マイクロサービスによる可用性の向上 141

3-7-3 コンテナオーケストレーションによる可用性の向上 144

Column Kubernetes（クーバネティス）とは？ 146

第4章 コンティンジェンシープラン策定の基礎

4-1 コンティンジェンシープランの種類と適用場面 …… 148

4-1-1 コンティンジェンシープランの構成要素と種類 148

4-1-2 コンティンジェンシープラン策定のポイント 155

4-2 コンティンジェンシープラン策定の実際 …… 162

4-2-1 コンティンジェンシープランのタイプ別の特徴 162

4-2-2 コンティンジェンシープランの発動の実際 166

4-2-3 範囲を縮小して中核業務を守る（B-1タイプ） 167

4-2-4 別の手段により業務・サービスを継続する（B-2タイプ） 170

4-2-5 変更前の業務・サービスに戻す（Cタイプ） 174

4-2-6 コンティンジェンシープランの実行に必要な体制 180

Column 「子供のサッカーのようだ」 184

4-2-7 ステークホルダー間の迅速かつ正確な情報共有・公開 184

第5章 障害訓練の基礎

5-1 障害訓練の進め方 …… 190

5-1-1 障害訓練の意義と計画のタイミング 190
5-1-2 障害訓練計画立案時の検討事項 191

5-2 障害訓練の実際 …… 194

5-2-1 障害訓練計画の立案 194
5-2-2 障害訓練の実施 201
5-2-3 障害訓練結果の評価・報告 202

付録① システム障害時対応の留意点 …… 206
付録② システム障害の原因分析と対策立案の基礎 …… 208

おわりに 214
索　引 216
参考文献 220
執筆者紹介 222

第1章

ITレジリエンスを確保するフレームワーク

1-1

ITレジリエンスとは何か？

1-1-1 ITサービスが社会へ与える影響

2010年代前半、企業は情報システムを従来のオンプレミス（個々のシステムが個別に稼働する社内の環境）からプライベートクラウド（社内の共有環境）に移行させ始めました。その後、2010年代後半には当初から情報システムをパブリッククラウド（自社と他社との共有環境）に構築する「クラウドファースト」が普及し、自ら新たなハードウェアなどを調達せずに、利用に応じて支払う従量課金制となることで、情報システムの構築・運用におけるコストの効率化は劇的に進みました（3-5-2参照）。

さらには複数のクラウドを連携させるマルチクラウドなどの多様な形態の出現、機能を分解して小型化することで保守性などを向上させるコンテナ技術の進歩、人工知能（AI）の実用化など、ITは加速度的に進歩し続けています。

こうした技術の進歩により、新規のITサービスの立上げや新たな機能を追加するプロジェクトの実施が容易となり、QRコード決済やコロナ禍におけるフードデリバリーサービスなどのように、ITを活用した新たなサービスが生まれ続けています。MMD研究所の「2022年1月スマートフォン決済（QRコード）利用動向調査」（18～69歳の男女4万4,727人対象）によると、スマホ決済の利用者は43.6%、認知度は94.5%に達し、いかに日常生活に浸透しているかがうかがえます。

また、2021年2月末から3月上旬にかけて某都市銀行のシステム障害が発生したことは皆さんも記憶に新しいと思います。全国の7割強のATMが利用できなくなり、通帳やカードがATMの内部にとどまったまま、長時間にわたって返還されないなど、顧客に多大な影響を与えました。取り込んでしまった約5,200件すべてが最終的に返却されるまでに約1カ月半を要しました。

このように、**ITサービスの品質低下や障害は、以前とは比較にならないほど社会に大きな影響を与える**ようになっています。

そのためITサービスの提供者は、技術革新の成果を受けながら環境の変化に対応していく「**スピード**」と、情報システムの構築・運用における「**安定**」という、相反する要求を同時に解決しなければなりません。この実現にあたっては、リスクとリターン（効果）のトレード・オフを考えることが必要となります。攻める領域（スピード領域）では主にリスクを受容・軽減し、守る領域（安定領域）では主にリスクを回避するようなアプローチが必要です。

いずれにせよ、いかにリスクを評価し、それをコントロールできる情報システムを構築するか、そしてそのリスクが顕在化してしまったシステム障害時には、いかにビジネスに与える影響を極小化し、迅速に復旧できるかが非常に重要になってきます。ITサービスのリスクコントロールとは、言い換えれば**業務継続性をいかに確保するか**に他なりません。

1-1-2 ITにおけるレジリエンスの重要性

2021年（令和３年）６月、金融庁が『金融機関のシステム障害に関する分析レポート』を公表しました。その「はじめに」において、「昨今、全国に大きく報道されるような障害や不正利用等の事案が発生しており、多くの顧客に影響を及ぼす事案が続いている」と述べ、「**業務中断の影響をいかに軽減・緩和し、初動・回復に繋げていく対応が重要**となる」としています。この表現は金融にとどまらず、あらゆる業務・サービスについていえることであり、まさに業務継続性が問われています。

昨今IT分野でもこのような考え方について、もともとは心理学用語である「**レジリエンス**＊（resilience）」という言葉が使われるようになってきました。レジリエンスとは、「回復力」「弾力性」を意味し、ITサービスがシステム障害、災害、サイバー攻撃などにより**誤作動や停止に至った際に、迅速な回復を図り、サービスを正常な状態に復旧する能力**を指します。

レジリエンスは、リスクを把握し、適切に評価し、コントロールしなければ決して得ることはできません。「人は間違うもの、機械は壊れるもの、想定・想像していないことは起こるもの」は、大和総研の中で伝えられてきた言葉です。システム障害は起こしたくないものですが、障害が起こり得ることを前提に、サービスへの影響を最小化するよう、設計・開発・保守・運用におけるリスクをコントロールし、レジリエンスを獲得・向上しなければなりません。

ITがこれだけ浸透した現在、**ITレジリエンスがなければ企業は信頼を失い、**

その存在価値すら問われることになるでしょう。ITレジリエンスの確保は、ITという枠を超え、重要な経営課題のひとつとして考える必要があるのです。

用語 **レジリエンス**

困難な問題、危機的な状況、高いストレスに遭遇してもすぐに立ち直ることができる性格・特性を指す心理学用語。

では、どのような条件を満たせばITレジリエンスを高くできるのでしょうか。ITレジリエンスの高いシステムとは、いわゆる「稼働率*」が高いシステムに類似しています。稼働率の向上策を講じることは、システム構築における基本中の基本です。しかし、「稼働率の向上」というだけではIT面での対策が主となり、前述の「業務中断の影響をいかに軽減・緩和し、初動・回復に繋げていく」という範囲はカバーできません。たとえば、システムが復旧する前に行われる利用者への復旧目途の告知は、稼働率の向上には寄与しません。しかしながら、サービスの回復に向けた活動のひとつ、すなわち業務継続計画（BCP*：Business Continuity Plan）の一部として重要な業務です。

システム障害は、サービスの停止などが及ぼす影響の範囲や頻度だけでなく、復旧目途の告知のような**途中経過の開示の有無・内容、障害対応の長さによって、企業の信頼性の低下、すなわちレピュテーション（評判）リスクの顕在化**も招きかねず、ひいては信用の失墜、売上減少、利用の停止（契約解除による離脱）など、さまざまな機会損失を被る可能性もあります。

情報システムによる利便性の向上により、システムへのリスク管理の重要性が日に日に高まっている現在、レジリエンスが高いということは、このように**レピュテーションリスクの低減にもつながる**のです。

用語 稼働率

サービス提供時間中にサービスを提供できている割合。稼働時間÷（稼働時間＋修復時間）×100で計算される。もし7:00〜23:00の16時間のサービス中に故障の修復に2時間かかった場合、14÷16×100＝87.5%と計算される。

用語 BCP

Business Continuity Plan（業務継続計画）の略。重要な業務の優先順位を決め、その実現可能な全般的対策を策定したもの。

1-2

フレームワークの構成要素

1-2-1　システム障害のないシステム構築は可能か？

情報システムは、顧客開拓、売上増加・費用削減、社会貢献などを実現する重要な手段であり、DX*の進展とともにビジネスとの一体化が進んでいます。また、情報システムは新規構築期間よりも運用期間（サービス期間）のほうが圧倒的に長いです。栽培にたとえると、システム構築は「種蒔き」に、システム運用は「収穫」にあたります。情報システムはビジネスとして期待された結果を出しながら安定的・効率的に運用される、つまり長期間にわたって「収穫」に貢献しなければなりません。

用語　DX

デジタルトランスフォーメーション（Digital Transformation）の略。transはcrossと同義で、crossがXと表記されることからDXと略された。

経済産業省の『DX推進ガイドライン』では、「企業がビジネス環境の激しい変化に対応し、データとデジタル技術を活用して、顧客や社会のニーズをもとに、製品やサービス、ビジネスモデルを変革するとともに、業務そのものや、組織、プロセス、企業文化・風土を変革し、競争上の優位性を確立すること」と定義されている。

そのような安定したシステム運用のためには、まずはインシデント*、特に影響の大きなインシデントであるシステム障害が少ない状態を目指す必要があります。システム障害とは、システムの停止や誤作動、顧客データの紛失などにより、企業や個人が損失を被るリスクが顕在化した事象をいいます。具体的には、いわゆるRASIS（信頼性、可用性、保守性、保全性、機密性）が満たされないおそれがある状態です。

用語　インシデント

出来事、事件、事象、事例などの意。昨今では、重大な事故につながりかねない異変、異例事象という意味で用いられることも多い。

◉インシデントとシステム障害

インシデント			・ユーザーが期待するオペレーションやサービスが実行不可能な状態 ・利用者がやりたいことが今はできていても、将来できなくなるかもしれない事象（小さな例でいえばプリンターのインク切れなど）
インシデント	システム障害		システムの停止や誤作動、顧客データの紛失などにより、企業や個人が損失を被るリスクが顕在化した状態 ※下記頭文字の「RASIS」（ラシス）を満たせない状態
インシデント	システム障害	Reliability（信頼性）	・故障や障害、不具合の起こりにくさ ・機器やシステムが故障するまでの平均時間（MTBF：Mean Time Between Failures）で表すことが多い
インシデント	システム障害	Availability（可用性）	システムが継続して稼働できる能力のこと。全時間に対する稼働時間の割合の指標（稼働率）で表すことが多い
インシデント	システム障害	Serviceability（保守性）	障害復旧や保守のしやすさ。障害発生から復旧までの平均時間（MTTR：Mean Time To Repair）で表すことが多い
インシデント	システム障害	Integrity（保全性）	過負荷時や障害時のデータの破壊や不整合の起きにくさ
インシデント	システム障害	Security（機密性）	外部からの侵入・改ざんや機密漏洩の起きにくさ

では、障害のないシステムを構築すれば、安定した運用が約束されるのでしょうか。残念ながら、そもそも障害のないシステムを構築することはできません。なぜなら、**外的要因を完全に排除することはできないから**です。

外的要因とは、たとえば次のようなものです。

・ハードウェアの故障、OS・ミドルウェア*の潜在バグ（不具合）
・外部から誤ったデータが送り込まれ、正しい結果が得られない
・自社サービスと連携している外部サービスの障害

さらに昨今、システム構築はビジネスに素早く貢献することが求められています。そのため、現在問題なく稼働しているシステムに対して、次のような**機**

能拡張を行う頻度が上がってきています。

- プログラム（アプリケーション）の追加や修正
- データの拡張、およびそれに伴うデータ移管
- 画面応答速度や対外接続における性能のチューニング

これらは残念ながら、それまで使えていた機能がデグレード*などのシステム障害を誘発する**内的要因**になります（次ページの図参照）。したがって、これらの外的要因・内的要因に対するリスクコントロール設計が極めて重要になるのです。

用語　ミドルウェア

コンピュータは、機械であるハードウェア、OSと呼ばれる基本ソフト、OSの上で稼働するソフトウェアから構成される。ソフトウェアは、業務処理を行うアプリケーションソフトウェアと、各アプリケーションへ共通となる機能を提供するミドルウェアから成り、ミドルウェアは通信制御機能やデータベース管理機能を担う。

用語　デグレード

システム資源管理の不備により、過去の修正内容を上書きして失ってしまい、修正したはずの不具合が再発してしまうなど、新たな機能・品質が以前のものより劣化すること。日本語では、退行・回帰などという。

1-2-2　リスクコントロール設計が重要

本書で述べるフレームワークでは、前述の情報システムに障害をもたらす可能性のある外的要因・内的要因に潜むリスクに着目し、**コントロールする枠組み（システムの型）をあらかじめ定義します**。この枠組みにより、システムの

◉新システムの稼働と運用中の案件稼働のイメージ図

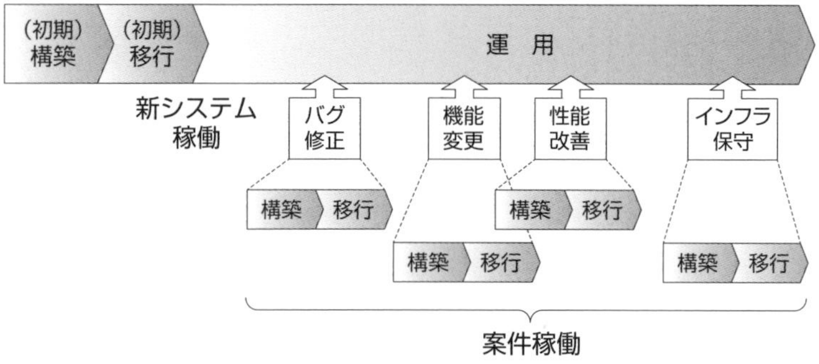

バグ修正、機能変更、新機能の追加、性能改善、OS保守切れに伴うアプリケーションの修正など、さまざまな案件が稼働していくが、それらはシステム障害の内的要因になり得る

安定性を確保し、ITサービスの継続性を向上させます。

リスクコントロールされている状態とは、次のような対応が取られている状態を指します。

①委託者・受託者が合意の上、システム停止が許容できる部分と許容できない部分とに明確に分離され、設計・構築されていること
②システム停止が許容できない部分について、次の対策のいずれか、またはすべてを盛り込んでいること
・障害となり得るリスクの可能な限りの排除
・リスクに対する予防策（一部のシステム停止が他のシステムに波及しないシステム構成や冗長構成の採用、障害の予兆や発生の検知策など）
③迅速な復旧策を準備できていること（想定される障害の復旧方法の事前準備、代替策の事前策定）
④①～③の対策が実行可能であることが事前に確認できており、いざというときに実行できること（理論検証や障害訓練ができていること）

システム構築においては、可能な限り広範囲かつ詳細にリスクを洗い出し、想定されるシステム障害の発生頻度や修復時間を含む影響度を試算し、SLA*/SLO*との適合度を検証します。その結果、SLA/SLOで定めた基準を守れそうにないリスクがある場合、そのリスクに対するシステム対応を検討します。

用語 SLA

Service Level Agreementの略。事業者が契約者に対し、ITサービスの可用性や性能などの品質について保証する項目・程度を定め、提示する文書や契約のこと。

用語 SLO

Service Level Objectiveの略。事業者が契約者に対し、ITサービスの可用性や性能などの品質について定めた目標水準や目標値。事業者の内部的な利用にとどめ、契約者には開示しない場合もある。

リスクの洗い出しは、**システム設計における前提条件をもとに行うこと**が有用です。PMBOK*では「前提条件」を「証拠や実証なしに、真実、現実、あるいは確実であるとみなした要因」と定義していますが、システム設計においては、たとえば受注量の伸び率について、それまでの実績をもとにした一定の推定値を設定することが多いです。この前提条件が崩れると、リスクが顕在化する可能性が高いため、前提条件を洗い出せば内在するリスクを特定しやすくなります。

用語 PMBOK

Project Management Body of Knowledge（プロジェクトマネジメント知識体系）の略。プロジェクトマネジメントの概念、手順、手法・技法などを体系化したもの。アメリカの非営利団体であるPMI（Project Management Institute）がガイドなどの書籍出版や、PMBOKに基づく知識や技能を習得したりすることを認定する国際的な「PMP」（Project Management Professional）という資格試験の実施などを行っている。

リスクを特定した後、リスク対策を考えます。リスク対策には、下表のように**回避策**、**転嫁策**、**軽減策**、**受容策**があります。回避策・軽減策は、1-2-4で述べる危機管理計画の基本5策でいうと予防策に該当します。受容策は能動的受容策と受動的受容策に分かれ、能動的受容策が本書で触れるコンティンジェンシープランを事前に用意する対策、つまり復旧策になります。受動的受容策は、発生したときに迂回策を作成するものであり、想定外のシステム障害時対応と同じになってしまいます。したがって、システム障害を回避するため、リスクの存在を事前に認識していた場合には基本的に取るべき対策ではありません。

なお、転嫁策は「損害賠償保険をかけ、発生時の損失を金銭で充当する」など、リスクを第三者に移転する策ですが、業務継続の観点からいかにリスクをコントロールするか、という本書の主旨から外れるので、ここでは扱わないこととします。

◉リスク対策の種類

回避		発生要因を除去する、あるいはまったく別の方法に変更することにより、リスクが発生する可能性を取り去ること
転嫁		リスクを第三者に移転すること。たとえば、損害賠償保険をかけて発生時の損失を金銭で充当するなど
軽減		対策を講じることにより、発生の可能性を下げること。たとえば、個人情報の漏洩防止としての本番データの暗号化を行うなど
受容	能動的	事前にコンティンジェンシープラン（危機管理計画）を計画しておき、リスク発生時に発動する
	受動的	事前の対策を講じず、発生したときに迂回策を作成し、対応する

1-2-3 フレームワークを構成する3つの要素

レジリエンスを確保するフレームワークは、①**リスク対策を施したシステム構築**、②**コンティンジェンシープランの策定**、③**障害訓練の実行**、の3つから構成されます。

リスク対策を施したシステム構築とは、リスクの発生頻度と発生した際の影響度を分析し、費用対効果を考慮しながら、どのシステムをどのように冗長化するか、などの対応を決めるものです。たとえば、社内のe-Learningシステムはシングル構成とする、資金決済システムは冗長構成、もしくは東京と大阪の

2カ所のデータセンターに配置するDR*システムとするなどです（冗長構成については2-2-4および3-2で解説）。つまり、システムに望まれる適正な稼働率をシステムごとに設定し、それに応じて構築することになります。

用語 DR

Disaster Recovery（災害復旧）の略。本書では、自然災害などにより、データセンターやデータセンターに設置された情報システムが全滅するなどの大規模な障害時の復旧をいう。

◉フレームワークの要素

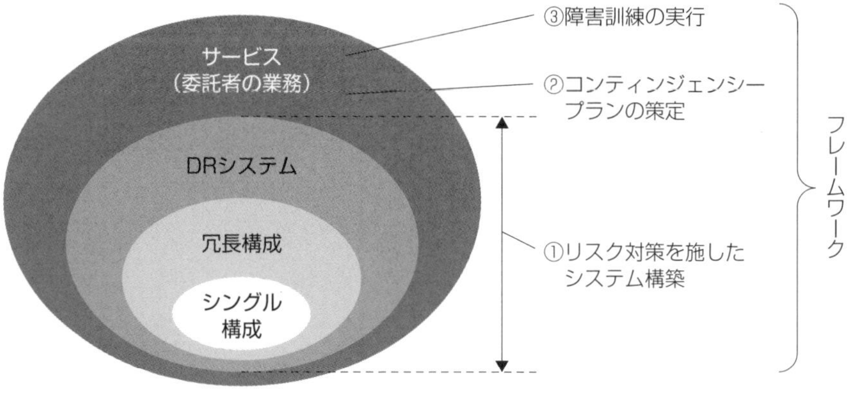

①リスク対策を施したシステム構築	リスク分析（発生頻度×影響度）の結果、費用対効果に応じてどのシステムをどのように冗長化するなどの対応を決める（＝適正な稼働率の設定と実装）
②コンティンジェンシープランの策定	中核となる業務の継続や早期回復を可能とするよう、対応時の体制・手順・資源の確保、顧客対応などを計画する
③障害訓練の実行	• 緊急時体制の実効性を検証するため、対策本部の設置、障害速報などを訓練する • 復旧手順が妥当かなどを検証する • 外部委託先や顧客を含めて訓練する

コンティンジェンシープランの策定とは、企業・団体などにとって中核となる業務を可能な限り継続できるよう、また障害となってしまった場合は迅速に復旧できるよう、体制・手順・資源の確保や委託者・利用者への連絡などの対応を、事前に計画することです。

ここでは、この「事前に」がポイントです。システム障害などのインシデントが発生した際は、たいていの場合、情報の錯綜や混乱が発生し、その中で冷静な判断や的確な復旧策を検討しながら実行していくことが極めて困難になります。そこで事前に、すなわち平常時に、委託者と受託者とが、また事業部門と情報システム部門とが、落ち着いて十分討議することで、インシデントの影響を最小限にとどめ、可能な限り業務を継続できる有効な対策を生み出すことにつながるのです。

障害訓練の実行とは、コンティンジェンシープランに定めた緊急時の体制や対策などをいざというときに円滑に実行できるよう、訓練するものです。その際、対策本部の設置や障害速報、復旧手順が妥当かなどを外部委託先などの社外の関係者も含めて検証します。

1-2-4　危機管理計画の観点から考える

1999年、「年」を下２桁などで処理していることから、西暦2000年になるとコンピュータが誤作動すると危惧された「西暦2000年問題（Y2K問題）」が、大変話題となりました。

当時、誤作動すると考えられたのは、発電・送電、医療関連機器、水道水の供給、鉄道・航空管制などの交通、銀行・株式市場などの金融機能などであり、社会的な影響の大きさから、「停止時などの危機管理計画（コンティンジェンシープラン）が重要」というように、メディアで数多く取り上げられました。危機管理計画という単語が一般に普及したのはこの頃からでした。

その危機管理計画を構成する基本の５策をまとめると次ページの表のようになります。この５つの観点は基本中の基本といえる考え方です。

◉危機管理計画の内訳

障害が起きないようにする対策	①予防策	あらかじめ障害が起きにくい構成・構造にする（高可用性設計や事前のリソース増強、OSのパッチ適用など）
起きてしまったときの対策	②検知策	監視などにより、イレギュラーな事象の予兆・発生を早期に見つける（委託者や利用者が気付かないのがベスト）
	③代替策	業務継続のため、あらかじめ決めた方法を実行する（たとえばネット注文をコンタクトセンターで受けるなど）
	④復旧策	障害発生原因を暫定的もしくは恒久的に取り除く（プロセスの再起動や、プログラムやデータを修正する）
二度と起きないようにする対策	⑤再発防止策	システム障害の原因に応じた対策を考案し、実行する。具体的には次の２つの対策が考えられる ・混入原因対策 調査漏れ、設計不備などはツールの拡充、システム資料の整備など ・流失原因対策 レビュー漏れ、テスト漏れはレビュー観点のチェックリスト化など

本書では、まず危機管理計画基本５策における予防策、検知策に関する、**システム構築のルール**を解説します。次に代替策を含む復旧策について、**コンティンジェンシープランの策定のポイント**を解説します。そして、いざというときにコンティンジェンシープランを円滑に実行できるように**障害訓練の進め方**を解説します。

◉本書と危機管理計画基本５策の構成

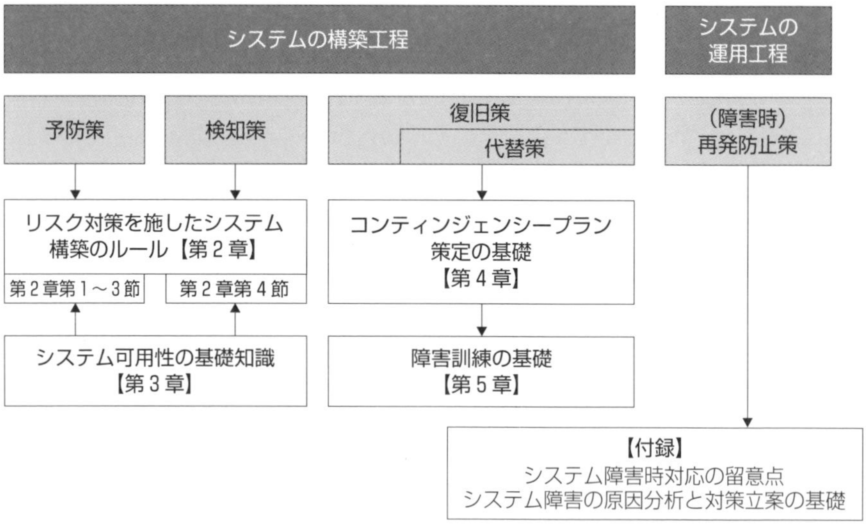

また、システム障害が発生してしまった際、緊急対応を行い、対応後に二度と同じ障害が起きないように再発防止策を立案しますが、これについては、付録に「システム障害時対応の留意点」「システム障害の原因分析と対策立案の基礎」として掲載しています。

1-2-5 システム構築のルールの位置づけ

「はじめに」で述べたように、フレームワークとは基礎となる特定の構成・構造・設計思想・ルール・ノウハウなどの集合体をいいますが、本書のフレームワークにおける「システム構築のルール」（第2章）は**原則としてポリシー**を意味します。

一般に規則・規程は、ポリシー（方針）、スタンダード（基準）、プロシージャ（手順）の三階層のいずれか、あるいはすべてについて定めますが、最上位のポリシー層は実際の技術・技法には依存しません。スタンダード、プロシージャは、技術（ハードウェア・OSなど）や技法（ウォーターフォール開発*やアジャイル開発*）に沿った内容になります（とはいえ、より実践的となるように本書では技術・技法にも触れています）。

よってこのポリシーに共感できる部分があれば、自社のポリシー（方針書）に取り入れたり、その下位の基準書や手順書に自社の特性を踏まえて具体化した項目を追加したりするなど、活用してください。

◉システム構築のルールのレベル

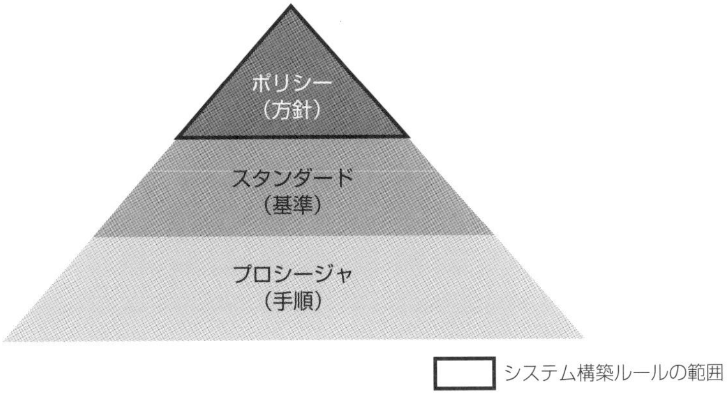

用語 ウォーターフォール開発

要件定義、外部設計、内部設計、コーディング、テストといった各工程を、前の工程が終わったら次の工程を開始するように順番に実行する方式。工程完了直前に成果物の完成度がチェックされ、原則として工程を逆戻りしない。その様子が滝（waterfall）のようなことから、このように呼ばれている。

用語 アジャイル開発

ソフトウェアを迅速かつ柔軟に開発する手法。短期間の開発プロセスを繰り返し、当初は最低限の機能だけを開発し、その後機能を増やしたり（展開）、拡張（深化）させたりしていく。開発チームに委託者が参加する、あるいは委託者との密な議論を行い、変更・追加する機能を即断していく。

Column 運用中心フレームワーク

2004年から2005年の株式市場の活況時、特にライブドアショックがあった頃、多くのネット取引システムがスローダウンやシステムダウンを起こしました。大和総研が提供するシステムにおいても同様の事象が発生しました。

このときから、安定運用を重視したシステム構成・構造となるよう、機器の構成・選定からシステム設計を標準化し、「運用中心フレームワーク」と命名した社内ルールを作成・更新してきました。

タイトルに「運用」という単語が入っていますが、決して運用担当向けのルールではなく、運用を意識した構築担当向けの設計・開発のルールです。

本書は、この運用中心フレームワークをベースに改訂・加筆したものです。

第2章

リスク対策を施した
システム構築のルール

2-1

予防策に関するルール（全般編）

予防策は「**あらかじめ障害が起きにくい構成・構造にする対策**」であり、従来は、この策を完璧に行わなければならないという価値観が強かったと思います。しかしながら、第1章で述べたように、障害の要因を根絶することは不可能、もしくは膨大なコストと時間がかかり見合いません。

だからといって、考えられる対策を怠り、「障害が起きたときに何とかすれば良い」というものでもありません。可能な限り予防策はしっかりと行い、障害が発生してしまった場合は、検知策・復旧策でカバーすることが重要です。

ここでは、どうすればそもそも障害が起きにくいシステム構成・構造にできるかについて解説します。

◉危機管理計画の内訳（再掲）

障害が起きないようにする対策	①予防策	**あらかじめ障害が起きにくい構成・構造にする（高可用性設計や事前のリソース増強、OSのパッチ適用など）**
起きてしまったときの対策	②検知策	監視などにより、イレギュラーな事象の予兆・発生を早期に見つける（委託者や利用者が気付かないのがベスト）
	③代替策	業務継続のため、あらかじめ決めた方法を実行する（たとえばネット注文をコンタクトセンターで受けるなど）
	④復旧策	障害発生原因を暫定的もしくは恒久的に取り除く（プロセスの再起動や、プログラムやデータを修正する）
二度と起きないようにする対策	⑤再発防止策	システム障害の原因に応じた対策を考案し、実行する。具体的には次の2つの対策が考えられる ・混入原因対策 調査漏れ、設計不備などはツールの拡充、システム資料の整備など ・流失原因対策 レビュー漏れ、テスト漏れはレビュー観点のチェックリスト化など

2-1-1 上流工程をしっかり行うという基本を守る

(1) 上流工程である要件定義・システム設計の意義

やや古いデータですが、『日経コンピュータ』誌が企業の情報システム部門・業務部門・ベンダーに所属する1,201人に対するシステム導入／刷新プロジェクトに関する調査を行い、1,745件の回答を得ました。その結果、スケジュール遅延の理由として、「システムの仕様変更が相次いだ」「各フェーズの見積もりが甘かった」が上位となりました。

◉遅延プロジェクトの原因（n＝513、複数回答）

システムの仕様変更が相次いだ	37.4%
各フェーズ（工程）の見積もりが甘かった	28.7%
システムの不具合など想定外の問題が発生した	27.7%
当初の稼働スケジュールにそもそも無理があった	26.7%
ベンダーにノウハウやリソースが不足していた	25.7%
現場（エンドユーザー）の協力が得られなかった	22.0%

出典：『日経コンピュータ』「ITプロジェクト実態調査2018」（2018年3月1日号）をもとに筆者作成

また工程別に見ると、「当初の予定よりも長引いた」という回答は、下流工程に進むにつれて増加しており、当初の要件洗い出しの漏れが下流工程に進むにつれて発見され、手戻りが発生していると推定されます。

◉遅延プロジェクトにおけるフェーズ別の状況（n＝513）

	当初予定より短期間	当初予定通り	まったくわからない	当初予定より長期化
システム企画	4.9%	58.1%	5.2%	31.8%
要件定義	1.9%	44.3%	4.7%	49.1%
システム設計	2.3%	41.9%	6.7%	49.1%
開発	3.5%	33.0%	10.3%	53.2%
テスト・移行	2.1%	18.3%	9.8%	69.8%

出典：『日経コンピュータ』「ITプロジェクト実態調査2018」（2018年3月1日号）をもとに筆者作成

上流工程での誤りや漏れを下流工程でカバーしようとすると、一般に相当な工数を要します。遅延プロジェクトはその工数を最小化し、稼働日を守る、あるいは可能な限り遅延を短期間にとどめようと、本来順次実行する工程を並列的に行う「ファストトラッキング*」や、結合テストを総合テストに吸収して一本化して行うなどして効率化を図ります。

しかし、ここに落とし穴があります。特に「ファストトラッキング」は、ある工程の着手後に、先行工程での不具合が取り除かれていないことが発覚した場合、手戻りが発生してしまいます。たとえば、システム設計でレビュー不足などから発見しきれなかった仕様誤り・漏れを内包したままテストを行って問題が発生したとします。この場合、仕様の問題かテスト環境・手法の問題かの切り分けに時間を要したり、結局、テストの全面的なやり直しが必要になったりすることがあります。これでは大変非効率で、本来の期間短縮の目的が達成できないどころか、工数さえも増大させてしまいます。

用語　ファストトラッキング

開発期間を短縮するため、先行工程の完了前に後続工程に着手すること。「雁行（がんこう）」と呼ばれることもある。

(2) 上流工程とシステム障害の相関

大和総研における過去のプロジェクトを分析したところ、設計工程でのレビュー指摘率、総合テストバグ率、稼働後の品質の間に相関が見られました。設計工程のレビュー時に不具合を指摘し、十分に摘出しているプロジェクトは、総合テストでのバグ率が低く、稼働後の本番障害の発生数も少ない傾向がありました。反対に、設計工程のレビュー時に不具合を十分に摘出できなかったプロジェクトは、総合テストでのバグ率も高く、稼働後の本番障害の発生数も多くなる傾向がありました。

このことは、**上流工程で不具合の摘出率を上げること**がいかに重要かを示しています。

●監理プロジェクトの分析結果（ある期間における大和総研の事例）

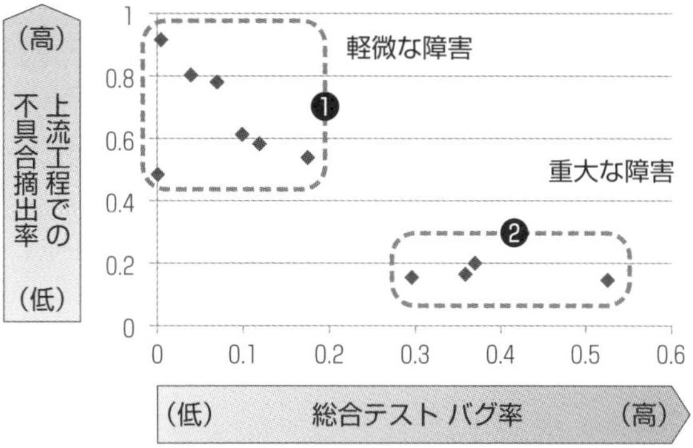

No.	上流工程での不具合摘出率	総合テストバグ率	稼働後の障害発生数	評　価
❶	高い	低い	少ない	設計工程で不具合が取り除かれており、品質が高い
❷	低い	高い	多い	テスト工程で不具合を取りきれず、稼働後に障害となって顕在化

Column

情報システムの構築はユーザーとITパートナーの共同作業

先日、筆者が理髪店に行ったところ、次のようなやりとりがありました。

店員「今日はどうしましょうか？」
私　「割とサッパリしたいんですよ。でも刈り上げにはしないで、オデコもあまり見せたくないんですよ」
店員「耳は出していいんですか？」
私　「はい」

一通り切り終わり、正面の鏡に手鏡で反射させ、後頭部を見せながら……

店員「こんな感じで？」
私　「ん……もう少し軽くなりませんか？」
店員「はい」

しばらく切ってから……

店員「これで、どうですか？」
私　「もう少し軽くなりませんかね？」

店員「これ以上切るとバランスが悪くなり、前髪を切ることになりますよ」
私　「それなら、これでいいです」

それにしても私の“要件定義”は極めて曖昧です。「割と」「あまり」「もう少し」ととても抽象的です。もしも細かく注文したとしても、奇妙な髪型になりそうであれば、理髪店は切る前に確認や助言を行うに違いありません。無言ですべて言われるがままに切ってしまってから、「お客さん、言う通りに切りましたが、おかしくなってしまいました」などとは言わないはずです。

情報システムの構築でも重要なことは、このようなユーザーとITパートナーのコミュニケーションです。情報システムは双方の共同作業の産物であることをユーザーとITパートナーが共に認識しておくことが肝要です。

情報システムの構築を頼むユーザーが、作る側であるITパートナーへの不満を述べている記事を目にすることがありますが、根底には、私たちが理髪店に求めるようなごくありふれたプロへの期待が通じないもどかしさがあるようにも思えます。期待を大きく裏切られたとき、顧客は「店」を変えてしまうでしょう。顧客に店を変えられないようにするには、顧客の要望を具体化し、いかに有意義な共同作業に持ち込むかがITパートナーのプロとしての手腕が問われるところでしょう。

昨今のDX推進において内製化を目指すユーザーが多い中、このハードルを越えたITパートナーこそがユーザーの真のパートナーになれるのではないでしょうか。

2-1-2　システム全体の稼働イメージを持つ

(1)　個々のシステムは全体システムの一部である

システム構築にあたっては、**個々のシステムの作りに目を向ける前に、システム全体の稼働イメージを持たなければなりません**。個々のシステム（サブシステム*）は全体のコンセプトを具現化するために分割・役割分担されたものであり、全体の中の一部であることを認識しましょう。

個々のシステムの目標（機能要件、非機能要件）を達成していても、全体の業務・ビジネスの目標を達成しなければ、システム化の意味がありません。ここでいう「全体」とは、全システムと捉えても間違いではありませんが、ある業務単位となるサブシステムの集合体と捉えるのが現実的でしょう。

用語 サブシステム

そもそも「システム」とは個々の構成要素が役割分担しながら、全体として機能するまとまりを意味する。サブシステムはある業務単位の機能を持つもので、たとえば、顧客管理システム、購買システム、販売システムなどがある。これらがまとまって企業システムとなる。

(2) 全体を捉えるためには範囲と時間軸で考える

下図にある「×」のほうは、一見すると入力・処理・出力単位に機能分解（サブシステム分割）され、それぞれが役割を果たせば良いように見えます。確かにその通りなのですが、たとえば証券会社の株式の受発注業務における取引所接続の場合は、次ページの時間軸の例のように、早朝に接続し、夕方に切断されるまでの間にいくつかのイベントや状態の遷移があります。これを流れで見る（レビューする）ことで、たとえば「状態の遷移」について不整合や不都合があること、それに伴って必要な処理の漏れ、あるいは誤った処理があることに気が付けるかもしれません。

また流れで捉えることにより、サブシステムだけではないある範囲のスループット*の劣化や、ある範囲内でのボトルネック*の存在に気が付けるかもしれません。

◉サブシステムの捉え方

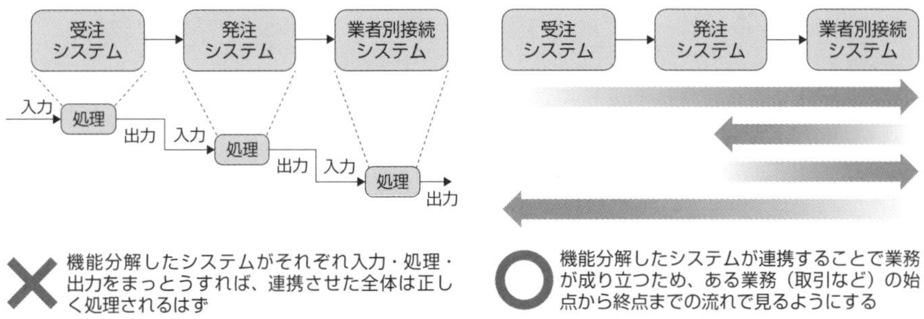

受注システム
発注システム
業者別接続システム
入力
処理
出力
入力
処理
出力
入力
処理
出力
受注システム
発注システム
業者別接続システム
機能分解したシステムがそれぞれ入力・処理・出力をまっとうすれば、連携させた全体は正しく処理されるはず
機能分解したシステムが連携することで業務が成り立つため、ある業務（取引など）の始点から終点までの流れで見るようにする

用語　スループット

単位時間当たりに処理できる量のこと。具体的には単位時間にシステムが処理できる件数や、通信回線の単位時間当たりの伝送量などを指す。

用語　ボトルネック

全体の中で速度や流れを妨げる箇所をいう。たとえば、大量アクセス、大量データが発生した場合に、処理の遅延や溜まりが起きる場所のこと。

◉証券業務の取引所接続の時間軸の例

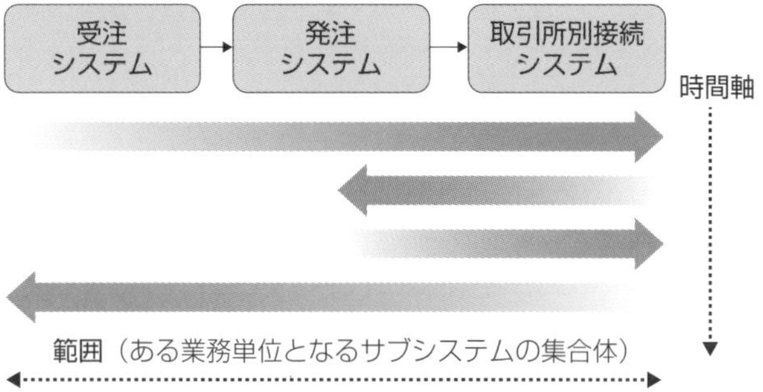

……未接続
- 07:05　接続（07:00から可能）……接続済・市場発注不可
- 08:00　前場受付開始……市場発注可（予約扱い）
- 09:00　前場立会開始……市場発注可（前場中）
- 11:30　前場立会終了……市場発注不可（前場指定注文）
- 12:05　後場受付開始……市場発注可（予約扱い）
- 12:30　後場立会開始……市場発注可（後場中）
- 15:30　後場立会終了……市場発注可（翌日予約扱い）
- 17:00　切断……未接続

このように全体の稼働イメージを持つためには、**関連システムの範囲と時間軸で考える**と良いでしょう。時間軸は、日次・週次や、利用者の行動などの中長期な日程など、対象業務の特性に応じて考えます。

顧客のライフサイクルの場合、たとえば下図のような証券会社の口座開設から口座解約までの一連の業務の流れが考えられます。

◉利用者の基本行動の時間軸の例

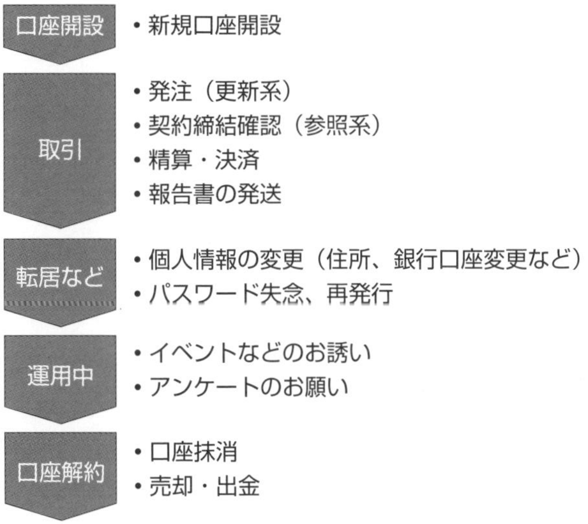

2-1-3　システムの独立性を確保する

⑴　障害の影響や保守の範囲を局所化するためには？

システムやプログラムが複雑に絡み合うほど、修正時の変更の困難性は増し、保守性も悪化します。よってシステムは、障害の影響や保守の範囲を局所化するよう、**独立性が高い状態にしなければなりません**。

「独立性が高い」とは、システム間の依存性が低い、疎結合*な状態をいいます。疎結合なシステム構成とは、たとえば次ページの図のようにデータベースは原則として1つのサブシステム内で更新するものとし（データの更新に権限と責任を持つオーナーシステムを決める）、複数のシステムから更新しない構成をいいます。

他システムがデータのやりとりを行う場合は、必ずそのデータベースを主管しているシステムに対して、読込みなどの処理をAPI*などを用いて依頼する形式を取ります。このような独立性の高いシステムは、信頼性、保守性が高い高品質なシステム構造になります。

また、このような構成にしておくと、データベースの定義においても新たに必要となった項目も単純に追加するのではなく、どのシステムで更新すべきか（どのデータベースに追加すべきか）と考えるクセが付き、いわゆる正規化*にも効果があります。

◉疎結合なシステム構成の例

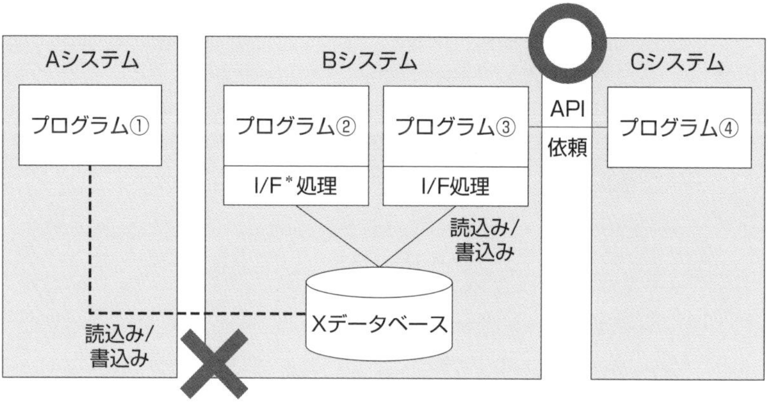

用語 疎結合

システムの構成要素間の依存関係、関連性などが弱く、独立性が高い状態。逆に、要素間の依存関係が強く、独立性が低い状態を「密結合」という。

疎結合を実現するためには、開発ルールの策定や周知徹底、データベース・システム（RDBMSなど）の場合はサブシステムごとの更新権限の設定などを行う。

用語 API

Application Programming Interfaceの略。プログラム（アプリケーション）が機能やデータを相互にやりとりするための手順やデータ形式などを定めた規約。

用語 正規化

データベース・システムにおいてデータベース内に同じ情報を複数の箇所に重複して記録しないよう、データ構造を整理すること。これにより、データの保守性向上や処理の高速化を図ることができる。

用語 Interface（I/F）

接点、境界。ハードウェアやソフトウェアなど、二者間で情報をやりとりするための手順や規約を定めたもの。

昨今では、障害影響の局所化、保守効率の向上に有効な、サブシステムやプログラム（アプリケーション）よりさらに小型の「コンテナ」と呼ばれる単位でのシステム構築が主流になりつつあります（第3章で解説）。

⑵「独立性」の効果

2-2-4で計算式を示しますが、提供時間中にサービスを提供できている割合を示す稼働率を向上させる策として、前述の保守性の向上以外に**信頼性の向上**があります。信頼性を向上させるためには、信頼性の高い部品・製品の採用や、高品質なシステム構築が考えられますが、独立性の高いシステムは、品質を確保しやすいシステム構造といえます。

そして独立性が高ければ、そのシステムのサービスが終了した際にリソースごと廃止しやすく（たとえばサブシステムというソフトウェア単位や、サーバーというハードウェア単位など)、システムのスリム化、リソースの再利用が容易となります。

2-1-4 対外接続において外部の障害や遅延を想定する

(1) 外部機関とのデータ連携時の留意点

外部データを受信するシステムは、**データが「正しくない」「受信できない」ことを想定しなければなりません**。

受信後にデータを直ちに業務処理に利用するのではなく、データの書式(フォーマット)・属性(文字型、数値型など)に加え、データの日付の妥当性や電文種類の順番(シークエンス)があらかじめ定められた接続仕様通りになっているかをチェックします。チェックの結果、異常時は当該データを保留して次のデータを処理するか、あるいは異常メッセージを監視端末に表示し、運用担当から開発担当に連絡して判断を仰ぐなど、あらかじめシステム設計を行う、もしくは運用手順を策定しておきます。

また受信時限を明確にし、定点監視を組み込み、異常時と同様に、遅延する場合の開発担当への連絡方法を明確にしておきます。受信が間に合わない場合の対処方法として、情報の種類にもよりますが、たとえば前日のデータ(商品マスター情報など)を用いる、あるいはオンラインサービスの開始時刻を延期して受信するまで待つなどの臨時対応が考えられます。いったん影響が及ばないようにした臨時対応は暫定的な処理であるため、その後の復旧方法なども定めておきます。同様に、データを送信する場合も送信時限を明確にし、定点監視を組み込み、遅延する場合、また送れそうにない場合に備えて相手方への連絡先・連絡方法を明確にしておきます。

なお、前述の内容は社内のシステム構築でも同様なことがいえます。長いシステム構築の歴史において、システムが追加されてきた結果、社内の各システムの設計思想・仕様が異なってしまう場合があるからです。すると、残念ながらそれらシステム間の連携において、対外接続と同様に連携されるデータが「正しくない」、あるいは「仕様が異なる」場合があります。そのようなことがあることを意識し、サブシステム間の連携を行う場合は、**同じ業務処理名・機能名なので仕様は同じだろうと思い込まずに、現状調査や設計を行う**必要があります。

(2) 外部機関とのAPI接続時の留意点

昨今、企業間や異業種間で活用が進んでいる「APIエコノミー*」の場合も、データ連携と同様「正しくない」場合があることに加え、外部サービスの障害による無応答や応答遅延を想定し、タイムアウト処理を行うなどして業務全体に影響が及ばないように注意します。

特に業務継続を重視するあまりリトライ処理（再実行）やウエイト処理（待機）を過度に組み込むと、ユーザーI/F処理などに滞留や遅延が生じる場合があります。リトライ処理やウエイト処理の妥当な回数・時間は、**当該システムが全体としてどれだけ処理できるか、また処理を待たせるためのバッファ（予備の資源）をどれだけ用意できるかによって決めるべき**です。

対外接続は自らのコントロールが及ばない領域でリスクのもととなり得るため、いかにイレギュラーな事象を想定し、事前に考えておくかが重要です。

用語 APIエコノミー

APIによって、同業種の補完機能や他業種のさまざまな機能（アプリケーションやサービス）を組み合わせることで創出される、新たな経済価値。たとえば、路線案内アプリが地図サービスのAPIを利用して降車駅の出口近辺の地図を表示する、あるいは家計簿・会計ソフトが銀行APIを用いて入出金履歴や口座残高を取り込み、表示するなどがある。

◉対外接続APIの障害例

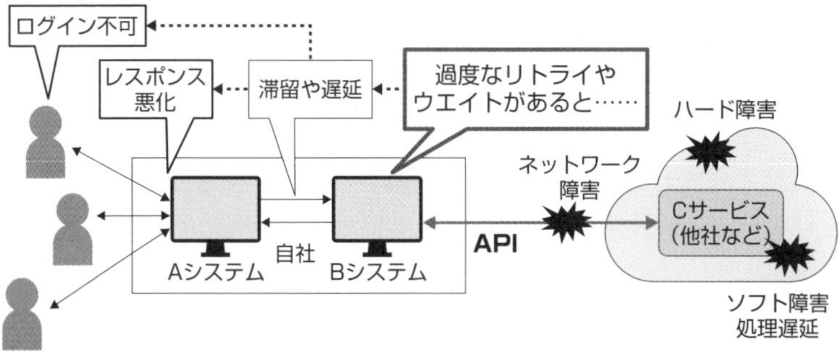

※上記のAシステムをWebサーバー、BシステムをAPサーバー、CサービスをDBサーバーなどに置き換えて考えてみると、実は自社システム内でも同じようなことがいえる

2-1-5 設計・開発工程の終了直後にテスト計画の策定を開始する

(1) テストの本質的な意味

テストとは、「対象となる設計・開発に対して、期間内に効率良く不具合を発見する活動」であり、システムが正しいことを証明するものではありません。

原則として、テストのインプットとなる設計書などからテストシナリオ・テストケースを抽出し、想定した結果とテスト結果との差異が不具合となります。不具合がなかったとしても、それはあくまでも用意したテストシナリオ・テストケース内において不具合がなかっただけであり、それ以外の部分については「わからない」ということです。

「わからない」部分には2種類あり、ひとつはテストシナリオ・テストケースから漏れたもの、つまり**テスト漏れ**です。もうひとつはそもそもシステム設計書に業務要件が取り込まれていないので、テストしようにもしようがない**要件の取込み漏れ**です。

後者は、ユーザーが参画する後続のシステムテストにおいて、あるいは稼働後にシステム障害として露呈することが多いです。

◉受託者側のテストで確認できている範囲

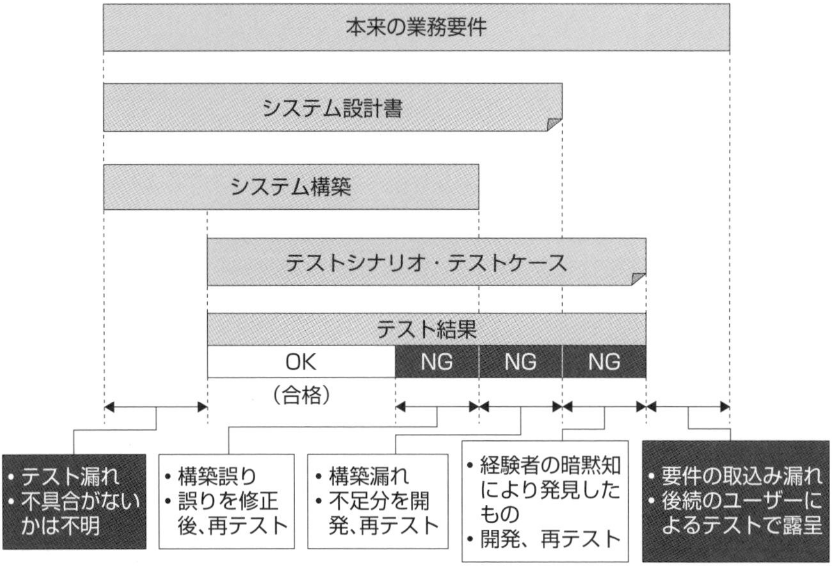

この要件の取込み漏れの場合、プロジェクト終盤での発覚になるので、納期の遅れを引き起こしたり、納期遵守のために負荷が高い追込作業を行ったりすることになります。この追込作業の結果、プログラムの管理不備があった場合、品質低下（デグレード）も招きかねません。

これらからいえることは、テストシナリオのもととなるシステム設計書がいかに業務要件を取り込んでいるか、つまり前述のように、いかに上流工程が重要かということです。また、もしシステム設計書にないテストシナリオが考案されてきた場合、それは当該分野の経験者の暗黙知によってたまたま救われたものであり、本来はシステム設計書に記載されるべきものです。

(2) ウォーターフォールモデルにおけるテスト例

大規模システムで採用されることが多い、ウォーターフォール型開発ですが、各テストの種類と、そのテストシナリオのインプットとなる工程の例が下図です。

◉ウォーターフォールモデル（V字モデル）の例

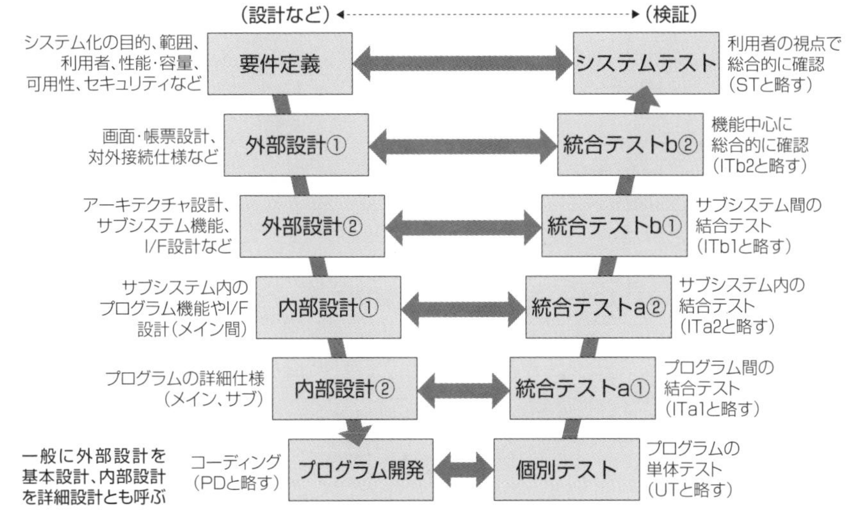

要件定義からプログラム開発までを右下に向かって並べていき、個別テストからシステムテストまでを右上に向かって並べていく。左側の各工程と同じ高さである右側の工程（対向する工程）のテストで検証する

ウォーターフォールモデルは別名V字モデルともいいますが、左上から下に向かって要件定義、設計、開発（コーディング）などと具体化していき、そして下から右上に向かってそれぞれの工程で具体化した内容を水平方向に対向するテスト工程で確認し、不具合を発見していきます。

特に統合テストやシステムテストは、ある業務単位の全体をカバーするテストになるので、テスト項目も多岐にわたります。またユーザーが参画し、確認する工程もあります（総合運転（運用）テストなど）。

◉統合テスト・システムテストのテスト項目例

<table>
<tr><th>テストの種類</th><th>ITb1</th><th>ITb2</th><th>ST</th><th colspan="2">補　足</th></tr>
<tr><td>サブシステム間テスト</td><td>○</td><td></td><td></td><td colspan="2"></td></tr>
<tr><td>社内他システム間テスト</td><td>○</td><td></td><td></td><td colspan="2"></td></tr>
<tr><td>対外接続テスト</td><td>○</td><td></td><td></td><td colspan="2"></td></tr>
<tr><td>個別機能テスト</td><td>○</td><td></td><td></td><td colspan="2">ITa環境では不可能なテストケース</td></tr>
<tr><td>サイクルテスト</td><td></td><td>○</td><td></td><td colspan="2">複数日、週次、月次などで回す</td></tr>
<tr><td>性能テスト</td><td></td><td>△</td><td>○</td><td colspan="2">大量のデータ入力などでの性能劣化の有無</td></tr>
<tr><td>障害テスト</td><td></td><td>△</td><td>○</td><td colspan="2"></td></tr>
<tr><td>退行（デグレード）テスト</td><td></td><td>○</td><td></td><td colspan="2">既存機能への無影響を確認</td></tr>
<tr><td>容量テスト</td><td></td><td>△</td><td>○</td><td colspan="2">大量のデータ入力などでのオーバーの有無</td></tr>
<tr><td>負荷テスト</td><td></td><td>△</td><td>○</td><td colspan="2">大量のデータ入力などでの性能劣化の有無</td></tr>
<tr><td>機密保護テスト</td><td></td><td>△</td><td>○</td><td colspan="2">不正アクセス防止など</td></tr>
<tr><td>使用性テスト</td><td></td><td></td><td>○</td><td rowspan="3">ユーザー参加</td><td rowspan="3">まとめて、ユーザー受入れテスト(UAT：User Acceptance Test)と呼ぶこともある</td></tr>
<tr><td>マニュアルテスト</td><td></td><td></td><td>○</td></tr>
<tr><td>総合運転（運用）テスト</td><td></td><td></td><td>○</td></tr>
</table>

○：当該工程の主たるテスト、△：補助的なテスト

(3) テスト計画を設計などの完了とともに策定するメリット

往々にして、テスト計画の策定はテストの実施直前に行われるケースが見受けられます。しかし、テストするもととなる設計・開発工程が終了した直後に、**水平方向に対向するテスト計画の策定を開始すること**が有効です。

現実のプロジェクトでは、同じ人が設計と開発を兼務しており、設計完了とともに開発に入るなどの実情もあり得、なかなか難しいところもあります。しかし、テスト計画を早くするほど、前述の要件の取込み漏れや経験者による暗黙知に気付くチャンスが増えます。これにより、システム障害として露呈する可能性を下げられるかもしれません。

2-2 予防策に関するルール（非機能要件編）

2-2-1 非機能要件を重視する

(1) 非機能要件の重要性

非機能要件とは、情報システムの構築において定義される要件のうち、業務機能以外のすべての機能を指します。可用性、性能・拡張性、運用・保守性、セキュリティなどの非機能要件の不備は、**システムが提供するサービス全体に影響を及ぼします**。したがって、非機能要件は機能要件と同じくらいに重要で、必要不可欠なシステム要件であることを認識しなければなりません。

言い換えると、機能要件はシステムが動作する「内容」について定義し、非機能要件はシステムが動作する「方法」を定義するともいえます。

たとえば商品の発注システムでは、Webから商品名で検索して一覧表を表示し、選んだものをクリックして発注画面にジャンプするなどが機能要件定義の例です。そしてWeb型システムにおいて、Webサーバー、AP（アプリケーション）サーバー、DB（データベース）サーバーの3層型システム*とするといったシステム構成や、1回の発注の処理速度、同時に受注できる件数の上限値などが非機能要件の例です。

◉非機能要件の一覧

可用性	可用性、耐障害性、災害対策、回復性、成熟性など
性能・拡張性	業務処理量（容量）、性能目標値、リソース拡張性など
運用・保守性	通常運用、障害時運用、運用環境、運用・保守体制、運用管理方針など
移行性	移行時期、移行方式、移行対象、移行計画など
セキュリティ	セキュリティ診断、セキュリティリスク管理、アクセス・利用制限、データの秘匿、不正監視、マルウェア対策、Web対策など
環境・エコロジー	適合規格、機材設置環境条件、環境マネジメント

出典：独立行政法人情報処理推進機構（IPA）「非機能要求グレード」をもとに筆者作成

用語　Webサーバー、APサーバー、DBサーバーの3層型システム

業務処理やデータ管理を行うサーバーと、利用者が操作を行うクライアント（client）機器をネットワークで結び、連携して処理を行うクライアントサーバーシステムの構成法のひとつ。ユーザーインターフェイス層を担うWebサーバー、ビジネスロジック層を担うAPサーバー、データ層を担うDBサーバーの3階層で役割分担して処理を実行する。このように役割分担し、ある程度独立開発・運用できることで、システムの柔軟性を確保できる。

(2) 非機能要件の不備によって発生する障害の例

商品販売サイトなどで、特別な日・曜日における割引キャンペーンや話題の新商品が発売された当日に、サイトにつながらない、処理が遅い、処理途中で接続が切れるなどの事象が発生する場合があります。

これは非機能要件のひとつである容量・性能要件に関する不具合と推定されます。設計によって、サイトにより全体量の限界であったり、単位時間当たりの限界であったりと不具合の部位に差がありますが、いずれも想定した容量・性能要件以上の利用があった際に起こり得ます。

もし発注した際に接続が切れた場合、「果たして発注できたのだろうか」「商品が届かないのにクレジットカードから代金が引き落とされないだろうか」と、利用者は不安に思うことでしょう。そしてコンタクトセンターに電話してもなかなかつながらない場合もあります。コンタクトセンターも想定した同時接続可能な電話回線数を超えているからです。

このように**非機能要件の不備はサービス全体に影響を及ぼす**ことを強く認識し、非機能要件をしっかり定義するようにしなければなりません。

2-2-2　容量・性能設計は前提条件に注意を払う

(1) 容量・性能要件が障害要因になりやすい理由

サーバーやネットワークなどのハードウェアの故障が障害の要因となることは当然ありますが、システム障害においては、やはり自らが設計した①業務系データ、②システム系データ（ログファイルなど）、③データベースなどのサーバーの処理数（プロセス数など）の上限値オーバーも多いです。

システムリソースが有限である以上、制約のないシステムを構築することは誰にもできません。そのため、1-2-2において、システム設計における前提条件をリスクの候補として洗い出すのが有用と述べました。容量・性能要件の設計には次の特徴があり、これらを見誤った場合にはシステム停止に至ることも珍しくありません。

- 容量要件は実績を踏まえつつも、将来の予測に基づいて最大格納量などを設計しており、稼働後の運用が始まってから想定以上に増加するリスクがある
- しかも、関係して考慮する必要がある要件や制約がある（安全を重視して大容量にすると性能劣化を招くなど）

また、取引などのトランザクション*データの増加は、指数関数的にオンライン性能の悪化や夜間バッチ処理の遅延を招く可能性があります。容量・性能要件は、非機能要件の中でも利用者の利便性にも直結しやすい非常に重要な非機能要件です。

用語 トランザクション

Transaction。一般には商取引、売買、執行などを意味するが、IT分野では単に1つの記録を指す場合と、関連・依存する分離できない複数の記録のまとまりを指す場合がある。後者は、たとえばATMで出金した場合、入出金明細データベースと預金残高データベースを同時に更新する場合、「1トランザクション」と表現する。システムの独立性（疎結合構造）を優先し、2種類のデータベースを同時に更新せず、非同期に連続して処理する場合は、「2トランザクション」と表現する。2トランザクションの場合、非同期の間（通常はわずかな時間）、利用者にはデータが不整合に見えるが、システムの耐障害性・保守性とサービスレベルとのバランスで採用を判断するものである。

⑵ 業務系データの容量設計の留意点

業務系データには、顧客情報のような**マスタ型**、注文情報のような**トランザクション型**、残高情報のような**残高型**があります。残高型は、技術的にいうと性能要件などを念頭にデータベースのビュー（VIEW）を実データ化したものです。マスタ型、トランザクション型、残高型はそれぞれデータの発生、消滅に、次のような業務上の特徴があります。

- マスタ型は、データの増減の幅は相対的に低い
- トランザクション型は、サービス開始時に0件で始まり、終了時間が近付くにつれて増え、翌日にはまた0になる。また日によってデータ量に大きな差がある
- 残高型は、商品や契約内容などにもよるが、顧客が契約解除や退会などをするまで、あるいは法定年数などで履歴としてひたすら増えていく場合がある

これらの業務上の特徴から、最大データ格納容量（上限値）や、明細データや集約後データの保存期間（月間、年間、法定年数……）などを決めていきます。

◉業務系データの3つの型

データ型		例	データの特性
マスタ型	ヒト	顧客、口座	日次の変動幅は比較的小さく、またビジネスの拡大とともに増加
	モノ	商品、部品	過去販売したものを維持する必要があり、増加の一途の場合も多い
トランザクション型	取引・契約	注文・約定	注文で発生、約定（契約成立）で消滅するので、一過性が高い
		顧客精算	約定で発生、精算で消滅するので、一過性が高い
		市場決済	日別・市場・銘柄ごとに集約
		生命保険	契約の締結で発生し、契約終了まで存在する。また、契約内容の変更やオプションの増減などもあり、増加の一途
		履歴	注文・約定、精算・決済データについて、法定年数内は増加の一途
残高型	最新値	資産残高	取引・契約を現時点や未来のある時点で合計した集計値など

(3) システム系データの容量設計の留意点

システム系（インフラ系）については、**導入時のデフォルト値（初期値）で稼働できることが多く、そもそも対象として認識しにくい場合が多い**ので注意が必要です。

特にメモリなどのハードウェア容量から各種の設定値（パラメータ）を自動設定する製品では問題なく動いてしまい、システム障害が起きるまでその値を自社用に最適化しておくべきだったことに気が付かない場合もあります。たとえば、ログファイル（以下、ログ）といわれるファイルの容量です。

◉システム系データの落とし穴

【ログが満杯になるケース】

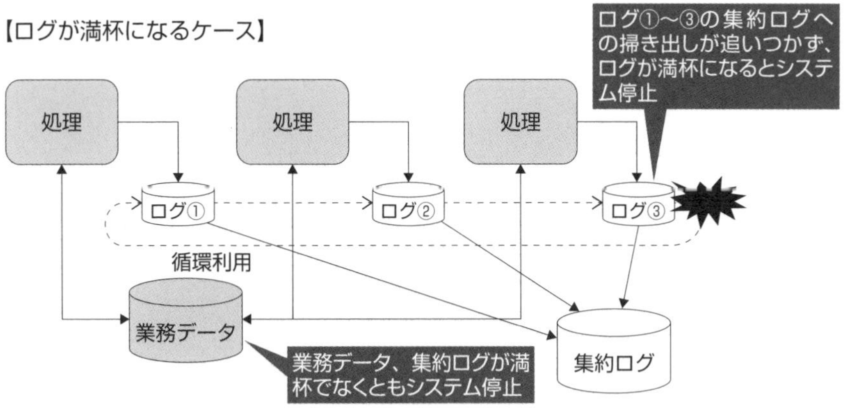

【集約ログ（ファイル）が満杯になるケース】

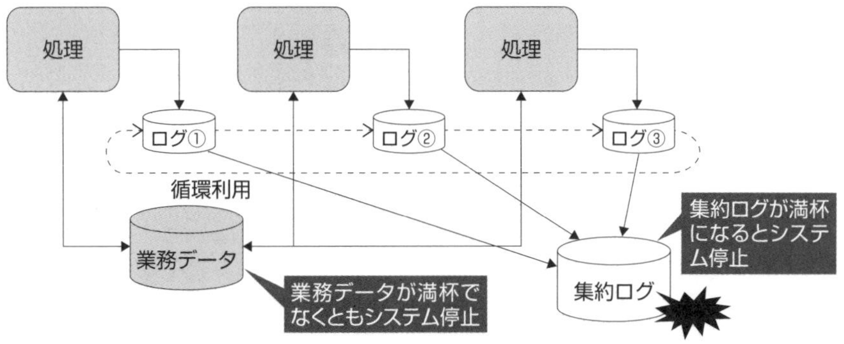

そして、ログには、

・それがオーバーしても記録されないだけで、業務処理は続行されるもの
・定義されたファイル数分をサイクリックに用いる（循環利用）などして、古い情報を上書きしながら処理していくもの
・容量オーバーすると処理ができず、システム停止に至るもの

などがあり、注意が必要です。

たとえばデータベース・システムでは、性能を重視したプロセスごとに小さなログを設け、それが満杯になるとより大きな一元化された集約ログに掃き出し、小さなログを空にして再利用する方式があります。

この方式の場合、トランザクションが大量に発生した際にログの集約ログへの掃き出しがそれに追いつかず、ログがすべて満杯になってしまうとシステム停止に至ります。システム停止を回避するためにログを大きくすると、集約ログへの掃き出しに時間がかかり、トランザクション処理の性能劣化につながります。また、集約ログが小さすぎて満杯になってしまうと、システム停止に至ります。

したがって、**これらの容量を自動設定に任せっきりにせず、トランザクションの発生の仕方をよく踏まえて、バランスの取れた容量設計を行う**必要があります。

⑷ サーバーの処理数設計の留意点

たとえばWebサーバー、APサーバー、DBサーバーという3層構成の場合、処理数とはWebサーバーでのインターネットからの処理数（セッション数など)、APサーバーの処理数（プロセス数など)、DBサーバーの処理数（同時コネクト数など）になります。

現実世界でたとえると、高速道路の入り口のゲート数や車線数にあたります。少ないと交通渋滞が起きてしまい、時間がかかってしまう、つまりレスポンスが悪化します。逆に多いと建設費が無駄になってしまう、つまりハードウェア費用などが高くつくことになります。高速道路では、どんな季節のどの時間帯にどのあたりで渋滞が起きるかを予想するように、当該業務について、**いつどのようなトランザクションがよく発生するのか**を考える必要があります。

◉サーバーの処理数の例

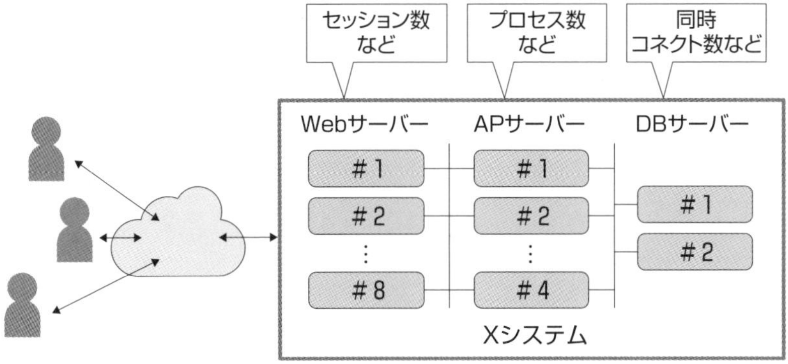

(5) パブリッククラウド利用時の留意点

パブリッククラウドでは、**開発・保守・運用系の機能拡充**が急速に進んでいます。たとえばAWS*のAuto Scaling*機能は、必要に応じてリアルタイムにサーバーが増設されるオンデマンド型のリソース増強オプションです。ネット通販の拡大に伴い、新商品の発売や一時的なキャンペーンに伴ってサイトの利用が突如として急増することも不思議ではなくなったので、非常に有益な機能です。

用語 AWS

Amazon Web Servicesの略。米アマゾンドットコム社が企業などに提供しているパブリッククラウドサービス。パブリッククラウドサービスではAWS以外に、米マイクロソフト社のAzure（アジュール）、米グーグル社のGCP（Google Cloud Platform）などが著名。

用語 Auto Scaling

サーバーが高負荷になった際、自動的に台数を増加させるなどして処理性能を上げるパブリッククラウドサービスの一機能。

Auto Scaling機能では使用率に応じてリソースが自動的に増減され、人間のシステム増強の判断や増強作業が不要になりますが、これを利用するには、あらかじめ最小値や最大値などを設定する必要があります。よって業務の特性を把握した上で、**容量設計**を行う必要があります。比較的容易に導入・構築できるパブリッククラウドだからといって、決して容量設計が不要になるわけではありません。

またAuto Scaling機能を活かすためには、**業務処理（アプリケーション）がリソースの増減に耐えられる構造をしていること**が前提になります。たとえばサーバーを分散し、北海道地方の処理はサーバー＃1、東北地方の処理はサーバー＃2……などと業務特性に応じた分散論理が組み込まれていると、せっかくサーバーが自動的に増えても増えたサーバーに処理を回せず、効果がありません。設計の段階で動的に増えたリソースを認識して分散論理が変わるような業務処理（アプリケーション）の構造にしておく必要があります。あるいは業務特性によらないラウンドロビン（順繰り、循環的）のような分散論理を当初より採用しておくようにします。

◉サーバーの動的増強を認識できないと……

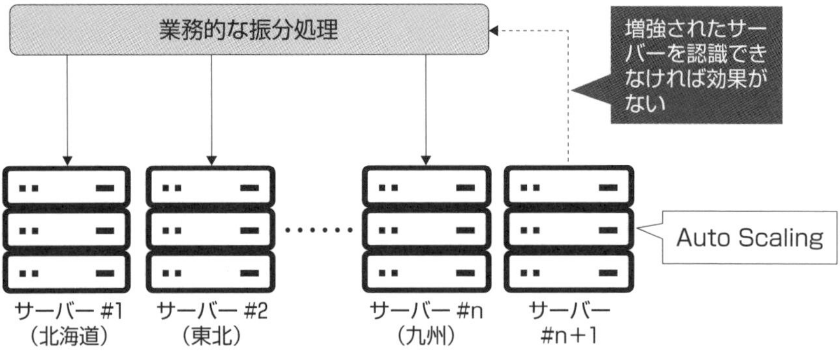

2-2-3　運用・保守要件は可能な限り自動化対応する

(1)　運用・保守業務の概要

運用業務は、おおまかにいうと**運行業務**、**品質管理**、**データセンター管理業務**に分類できます。運行業務は、システム起動などの運行オペレーション、監視による検知をトリガーとする障害管理、本番環境における作業依頼の受付やその実行などです。品質管理は、SLA/SLOで定めたサービスレベルなどの目標値の実績管理やその改善計画、セキュリティ管理、ISO20001/27001などの外部認証取得対応などです。データセンター管理業務は、電源・空調などの設備維持管理や、工事や作業時の入退館管理などです。

保守業務は、障害管理から派生した問題管理や、解決や改善のためのシステムインフラ保守、それに伴う構成管理、保守作業の前提となる契約管理などです。

これらの業務の中で業務継続に直結するのが、本番環境での作業となる、運行業務の運行オペレーション、保守業務のシステムインフラ保守です。

◉運用・保守業務の例

<table>
<tr><th colspan="3">業務分類</th><th>業務概要</th></tr>
<tr><td rowspan="14">運用業務</td><td rowspan="6">運行業務</td><td>運行オペレーション</td><td>システム起動、バッチ運用、プログラム入替、バックアップ、媒体入出力、帳票出力</td></tr>
<tr><td>障害管理</td><td>障害監視・検知、障害連絡・報告</td></tr>
<tr><td>インシデント管理</td><td>障害初期対応、インシデントの記録・管理</td></tr>
<tr><td>サービスデスク</td><td>問合受付、作業依頼受付</td></tr>
<tr><td>作業依頼管理</td><td>作業依頼実施、統計・分析改善計画</td></tr>
<tr><td>運用報告</td><td>作業計画報告、課題・インシデント報告、運用実績・評価報告</td></tr>
<tr><td rowspan="5">品質管理</td><td>サービスレベル管理</td><td rowspan="3">目標値設定、実績管理・評価・報告、改善・最適化計画</td></tr>
<tr><td>可用性管理</td></tr>
<tr><td>キャパシティ管理</td></tr>
<tr><td>セキュリティ管理</td><td>アカウント管理、アクセス管理</td></tr>
<tr><td>監査・認証対応</td><td>監査対応、外部認証取得対応（ISO20001/27001）</td></tr>
<tr><td rowspan="2">データセンター管理業務</td><td>設備維持管理</td><td>レイアウト・設備計画、電源管理、空調管理、防災管理</td></tr>
<tr><td>入退館管理</td><td>入退館管理、ラック鍵管理、物品搬出搬入管理、工事作業管理</td></tr>
<tr><td rowspan="5" colspan="2">保守業務</td><td>問題管理</td><td>根本原因の究明、問題管理</td></tr>
<tr><td>変更管理</td><td>リリース、履歴管理</td></tr>
<tr><td>構成管理</td><td>資産管理、構成情報管理、ライセンス管理、ライブラリ管理</td></tr>
<tr><td>システムインフラ保守</td><td>ハードウェア保守、OS・ミドルウェア保守、ネットワーク保守、セキュリティ対策、ウイルス対策</td></tr>
<tr><td>契約管理</td><td>保守契約管理、部品発注、交換、立会い</td></tr>
</table>

⑵ 運用・保守における手作業のリスクと対策

システム構築が完了し、システム稼働、すなわち運用・保守フェーズに移行する際に、自社の運用・保守基準に基づき、運用・保守担当の審査が設けられていると思います。この基準は、限られた運用・保守要員による安全で効率の良い運行管理や、夜間・休日などの限られた時間内に安全で効率の良い保守を行うのに必要な情報や手順を求めるものです。よって本来、運用・保守基準をすべて満たさないシステムは、稼働させてはいけません。

ところが往々にしてシステム構築プロジェクトでは、予算や構築期間の関係から**利用者のための業務機能（機能要件）に注力しやすい傾向があり、運用・保守要件の構築が稼働までに間に合わない、あるいは機能が不足する**ケースが見受けられます。この場合、既に決められた稼働日を変更できないことも多く、運用・保守担当は、不足する機能を後日構築する前提条件付きで稼働を承認せざるを得ないことがしばしば起こります。

そうなると運用・保守担当は、たとえばシステム起動・終了やバックアップなどの**本来、定型の自動作業として行われる作業を手作業（オペレーション）で行う**ことになります。手作業はいくら万全の準備を行っても、あらかじめ準備した手順の順序や投入すべきコマンドを誤ってしまうと、予期せぬシステム障害を引き起こします。あるいは誤りを防止するために複数人で作業内容や手順をチェックするなど、作業時間や作業管理の増加につながります（場合によっては増員が必要になるかもしれません）。作業時間が長くなることは、システム障害が発生した場合の復旧時間も長くなることにつながります。

つまり手作業は、**運用・保守の品質低下やコスト増加が起こるリスクを内在**しており、安易に用いる手段ではありません。やはり「人は間違うもの」であり、**自動化を基本に据える**必要があります。システム設計の初期段階から運用・保守担当と要件の突き合わせを行い、既存の運用・保守基準で対応可能か、運用・保守体制の増員を避けるために自動化が必要か、などを検討しなければなりません。そして、その検討結果に合わせ、運用・保守基準を常に改定していく必要があります。

⑶ RPAによる自動化の留意点

運用・保守担当による作業の自動化において、機器・OSに付属する、あるいは自社で作成した作業画面があり、それをRPA*で自動化する方法が考えられます。確かにこのような自動化は効果的ですが、本来、その機能はシステムに組み込む必要があることを意味しています。RPAによる自動化は恒久的な対策というよりは暫定的な対策として捉え、システム更改のタイミングなどを捉えて本来的な運用・保守機能として構築すべきでしょう。

用語 RPA

Robotic Process Automationの略。人間がコンピュータを操作して行う作業を、ソフトウェアによって自動実行すること。RPAツールは、人間が実際に操作した作業内容を記録し、記録した手順を自動実行する形式も多い。記録された手順をフローチャート化して、複数の画面を連続実行できる製品もある。

2-2-4 運用要件は障害対応を想定して設計する

(1) 運用中の二大リスク

昨今では、24時間365日の連続稼働を目指すシステムも多いですが、機能拡張やシステム更改（機器入替、OS保守切れ対応、大幅なサイトのリニューアルなど）の際には、事前に告知の上、サービス停止期間が設けられます。サービス停止のタイミングは、日次・週次・月次・年次などの定期的なものと、リニューアル時などの不定期なものがあります。

これらから運用フェーズには大別すると、**オンラインサービス中にインシデントが発生しサービスが継続できないリスク**と、**サービス停止後、翌日のサービス開始までの間に行われるバッチ処理や保守作業でインシデントが発生し、予定通りにサービスが再開できないリスク**とがあります。

これらのリスクが顕在化した場合、いずれも利用者の利便性を著しく損なうことになります。

(2) 業務継続への基本的な対策である冗長化

前述の容量・性能設計の不備を除き、サービスが継続できなくなる要因は機器の故障や、特定のタイミングで顕在化するOSやミドルウェアの不具合（バグ）

◉サービス中とサービス停止中のリスク

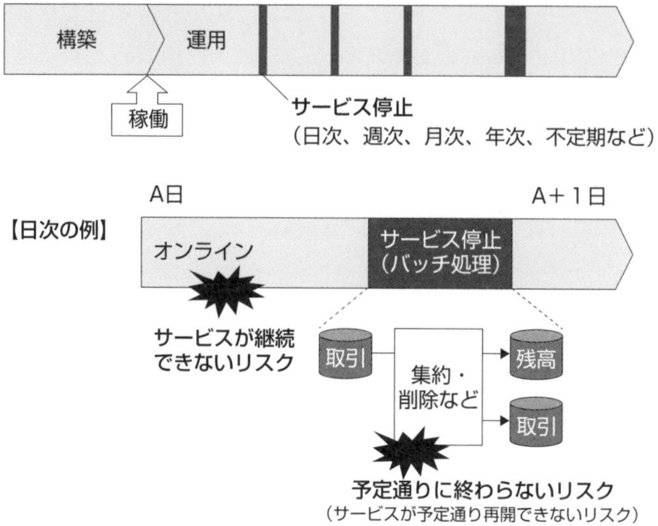

によるシステム停止であることが多いです。

この基本的な対策が**冗長化**（二重化、多重化）です。冗長化とは、機器やシステムからSingle Point of Failure*をなくすために、正系（稼働系）と副系（待機系）のように複数系統を用意し、異常を検知すると正系から副系に自動的に切り替わることで処理を継続する仕組みをいいます。自動的に切り替わるため、通常、利用者はシステム障害に気が付きません（なお、待機系を有効活用するため、平常時は負荷分散として稼働させる方式もあります）。

用語 Single Point of Failure

構成要素がそれ1つしかないために、その箇所で障害が起きるとシステム全体が止まってしまう弱点のこと。

◉シングル構成と冗長構成

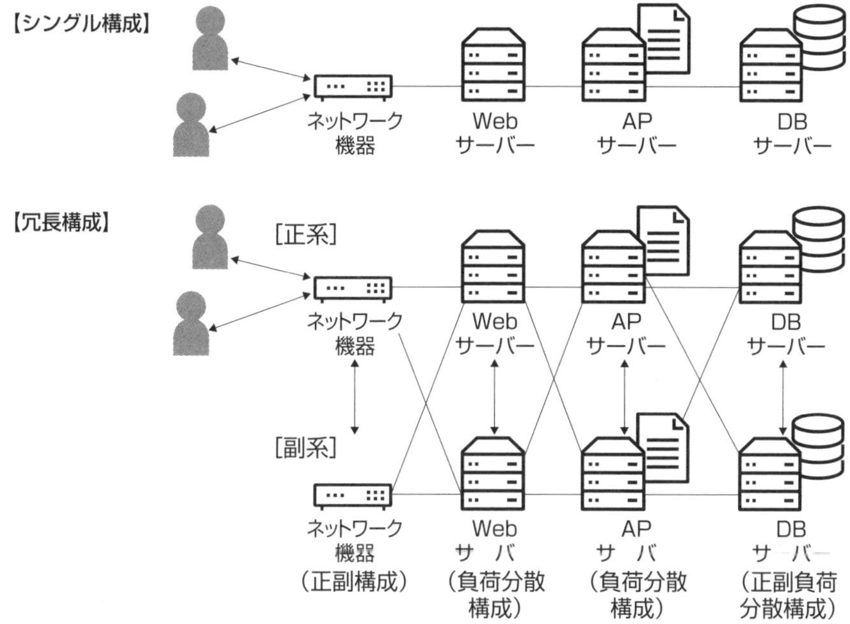

この冗長化の効果は大きく、たとえばAWSのEC2と呼ばれる仮想サーバーは、シングル構成の稼働率は99.5％ですが、マルチAZという冗長構成では99.99％に向上します（2022年6月28日現在）。24時間・365日連続稼働させる場合、稼働率99.5％は1年間で1.8日間停止するSLAになりますが、稼働率99.99％は52.6分間しか停止しないSLAになります（冗長化などの「可用性」の基礎は、第3章で解説）。

なお、報道されたシステム障害に多いのが、**この冗長構成がいざというときに機能せずにサービスを継続できなかった**、というものです。この一因として、障害部位が機能できない状態になったと認識されない、俗に「半死に*」と呼ばれる中途半端な状態になったときに起こりますが、これを防ぐためには監視を工夫する必要があります（詳しくは2-4-1で解説します）。

用語　半死に

冗長構成の正系機器などが完全に停止していない中途半端な状態のこと。たとえば、処理プロセスは存在しているが、実質停止しているハングアップ状態の場合、副系機器などは正系が停止していると認識できず、自動切替が行われない。この場合、正系は稼働せず、正常な副系も稼働できずに冗長化の効果がまったく発揮されない。

◉稼働率の計算式

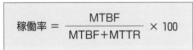

$$稼働率 = \frac{MTBF}{MTBF+MTTR} \times 100$$

- MTBF（平均稼働時間）：Mean Time Between Failures
- MTTR（平均復旧時間）：Mean Time To Repair

（無停止システムの例〈停止が年２回の例〉）　24時間×365日＝8,760時間

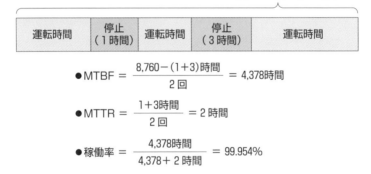

運転時間	停止（１時間）	運転時間	停止（３時間）	運転時間

$$\bullet MTBF = \frac{8{,}760-(1+3)時間}{2回} = 4{,}378時間$$

$$\bullet MTTR = \frac{1+3時間}{2回} = 2時間$$

$$\bullet 稼働率 = \frac{4{,}378時間}{4{,}378+2時間} = 99.954\%$$

(3)　冗長化の留意点

冗長構成の正系から副系に切り替わってサービスが継続できている状態はシングル構成になっており、速やかに元の冗長構成に戻さないと、さらに副系が障害となった場合にシステム停止に陥ってしまいます。

障害部位がハードウェアの場合は部品や機器の交換を行い、OS・ミドルウェア・ファームウェア*などの場合は、再起動やパッチ適用などを行い、修理を行います。その後、副系から正系に処理を戻します。この戻す作業を「切戻し」と呼びますが、この作業はたいていデフォルトの設定（初期設定）では自動的に行われることが多いです。しかし、**トランザクションが多い時間帯に切戻しが自動的に行われると、トランザクションの遅延という二次障害が発生する可能性があります。**

たとえば証券業務では、取引が終了する間際の「大引け」時に、万が一にも切戻しによる遅延によって注文が無効（失効という）になってはいけないとの考えのもと、取引終了後に**手動で切り戻すという運用設計をすることも必要です。**

用語　ファームウェア

電子機器内部の回路などに内蔵されるソフトウェア。書換え・置換えができない場合も多い。昨今では、家庭用ゲーム機、デジタル家電などにも内蔵されている。

◉障害時の動作（切替・切戻し）

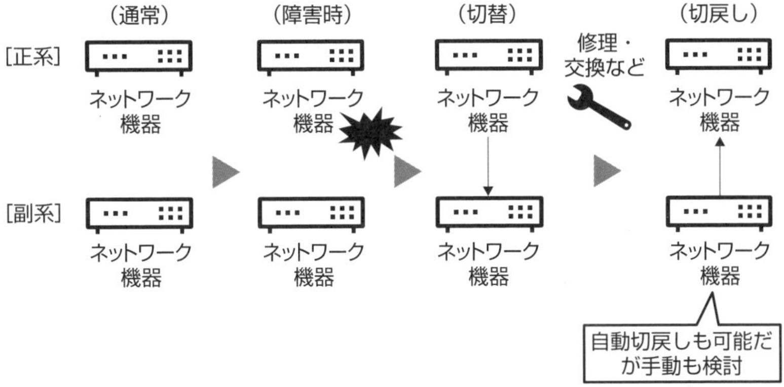

⑷ サービス開始前の余裕時間を確保した運用・保守設計を行う

業務停止期間には、いわゆる（夜間）**バッチ処理**と呼ばれる残高更新や履歴管理などのデータの集約・加工処理が行われることが多いです。そのバッチ処理終了後に、翌日のサービス開始処理（システム起動）が行われますが、サービス開始時刻から逆算してサービス開始処理の起動時刻が決められているケースを見受けます（いわゆるタイマー処理で5：00に開始など）。

逆算とはいえ、たいていはプラスαの余裕は持たせますが、不測の事態でサービス開始処理がうまくいかず、その障害対応が長引き、設定した時間内に収まらずにサービス開始時刻を迎えてしまうかもしれません。

そのため、それに備え、**バッチ処理が終了したらすぐにサービス開始処理を開始し、サービスを開始できる待機状態にしておき、サービス開始時刻になったらコマンドなどで待機状態を解除する方式**も考えられます。

◉サービス開始処理の前倒し

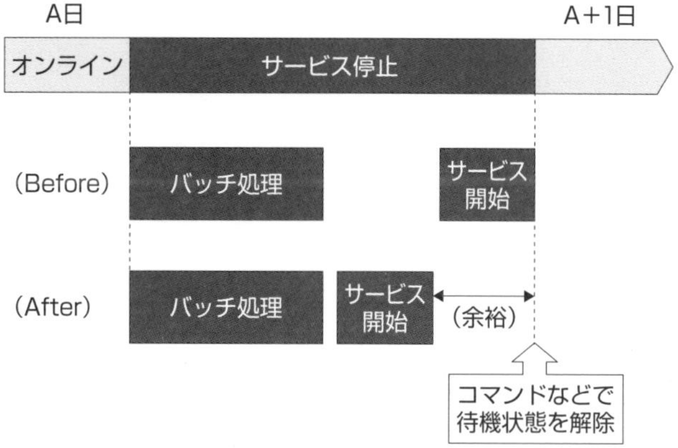

(5) サービス開始前のバッチ処理はクリティカルな処理に絞り込む

前述のようにバッチ処理を完了してからサービスが開始されますが、バッチ処理の中には必ずしもサービス開始に必須とはいえないものもあります。それが欠けるとサービスが開始できない必須の処理を**クリティカル処理**、そのような悪影響を及ぼさない無関係な処理を**非クリティカル処理**と呼びますが、非クリティカル処理とは次ページの図に示した通り、処理後のデータを保存しておくバックアップ処理などです。

このクリティカル処理と非クリティカル処理が混在し、サービス開始との依存関係を持ってしまうと、必須でない非クリティカル処理がシステム障害となった際に、サービス開始が遅延してしまうリスクがあります。そのリスクを回避するべく、**非クリティカル処理を依存関係から切り離す**必要があります。そうすれば非クリティカル処理の状況に関係なく、サービスを開始できます。

　以前、大和総研では、バッチのクリティカル処理群を一晩で丸々2回実行できることを目標に処理を絞りに絞り込み、また2回行う場合に備えたバックアップデータの取得・復元の仕方を工夫する取組みを行いました。これにより、サービス再開までに万一の障害対応を行う余裕がかなり生まれました。

◉非クリティカル処理を切り離した例

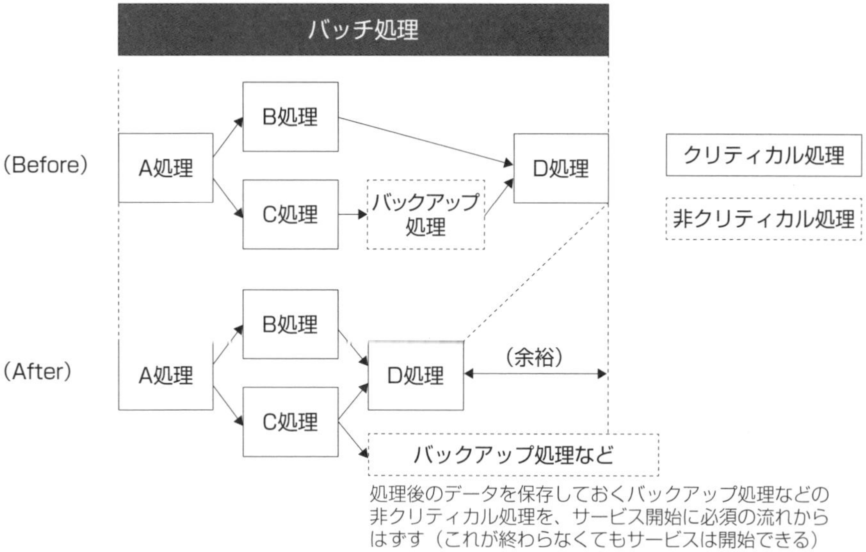

⑹　バッチ処理は再実行しやすいように分割する

　クリティカルなバッチ処理がシステム障害となった場合、速やかにプログラム（アプリケーション）やジョブあるいはスクリプト（プログラムを動かす記述言語）、場合によってはデータも修正して再実行し、正常稼働させなければなりません。

　この再実行の際、当該処理の実行時間がそもそも長いと、やり直した結果、オンライン開始が遅延してしまうリスクがあります。また、リスクを軽減しようとして異常終了したところから再実行しようとすると、ジョブあるいはスクリプトを修正しなければならなくなりますが、バッチ処理担当の運用者が必ずしもその修正ができるスキルあるいは役割を持っていない場合が多く見受けられます。

そのため、クリティカルなバッチ処理では、**ジョブあるいはスクリプトは修正せずに運用者が単純に再実行できるような単位に分割した設計にする**必要があります。

◉再実行しやすいようにバッチ処理を分割する例

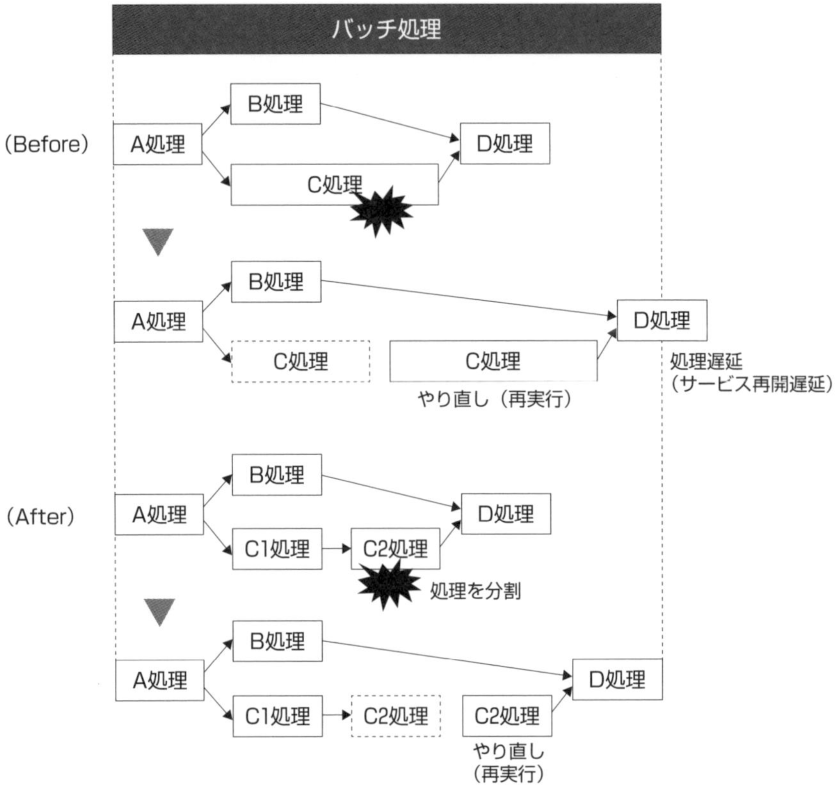

2-2-5 システム移行を入念に計画し、移行リハーサルで検証する

(1) システム移行の特徴とリスク

システム移行を規模が大きなものから挙げると、データセンターの変更に伴う移行、旧システムから新システムへの移行、業務プロセスの変更・業務機能の拡充などに伴うプログラム（アプリケーション）やインフラの移行（変更）、

業務機能の変更などに伴うデータベースの追加・変更（テーブルの新設や列追加）などとなります。いずれも、あるタイミングまでは移行前のシステムが稼働し、移行後に何らかの新たなシステムが稼働します。

よってシステム移行の不具合が顕在化するのは、移行中か、新たなシステムの稼働後になります。2-1-1で上流工程での誤りや漏れを下流工程でカバーしようとすると相当な工数を要することを述べましたが、システム改修は工程が進めば進むほど、つまり下流工程になればなるほど手間とコストが飛躍的にかかるようになります。システム移行は、下流工程の最終段階であり、移行の不具合が予定時間内に完了しないことに伴う稼働の断念・延期、あるいは稼働後のシステム障害への対応が発生するなど、**最も業務への影響が大きいインシデントを発生させる可能性**があります。

またシステム移行は、サービス停止を伴うことが多いため、**委託者から極力短時間での実行を要望されること**、**外部接続先の切替を伴う場合は関係者が多いこと**などから極めて難しい作業になります。さらに全面的な旧システムから新システムへの移行はそれほど機会が多くないため、委託者・受託者ともに経験が少なかったり、旧システムの仕様を読み切れずに不測の事態が発生しやすかったりするなど、難度を高める要因が存在します。

このようにシステム移行は、多くのリスク要因を内包する、新たなシステムの稼働に向けた最後の関門といえます。

(2) システム移行の検討ポイント

システム移行のリスクについては、稼働直前ではなく、概要設計段階から丹念に計画を立て、準備する必要があります。以下、重要な検討ポイントについて見ていきます。

● システム移行の制約条件

まず、**システム移行に最も適した時期などの制約条件**を把握します。業務上の繁忙期、決算期末など、万が一システム障害となってしまった場合の影響を考慮し、重要な時期を避けます。また、サービス停止の時間や停止回数などについて、**業務上許容できる度合いも確認します**。

これらの制約条件によっては、システム移行の作業時間が短時間となり、十分な確認が行えないなど、リスクが高まってしまうことがあります。これを避けるため、新システム・新機能の目的・意義の達成のため、関係者それぞれが知恵を出し合って妥協点を見出し、移行時期・時間帯・移行回数などを調整・合意していきます。

●移行日の調整

システム稼働時は、万が一の場合に備え、**稼働前の状態に戻せるような計画**としなければなりません（4-2-1および4-2-5で詳しく解説します）。そのためには、複数の案件を同時に稼働しないようにします。そうでないと、たとえば同一システムでA案件（制度変更対応）とB案件（性能改善対応）を同時に稼働させた場合、B案件に不具合を発見して稼働を取りやめたくても、A案件があるので取りやめられないという事態を招いてしまいます。

A案件の対象部位とB案件の対象部位にまったく関係がなく、独立していると言い切れる場合は稼働は可能ですが、原則として複数の案件を同時に稼働させないことが安全策となります。

●データ移行方式

旧システムから新システムへの切替や大規模な業務機能の変更時には、データの移行（変更）がしばしば発生します。

◉データ移行の検討事項

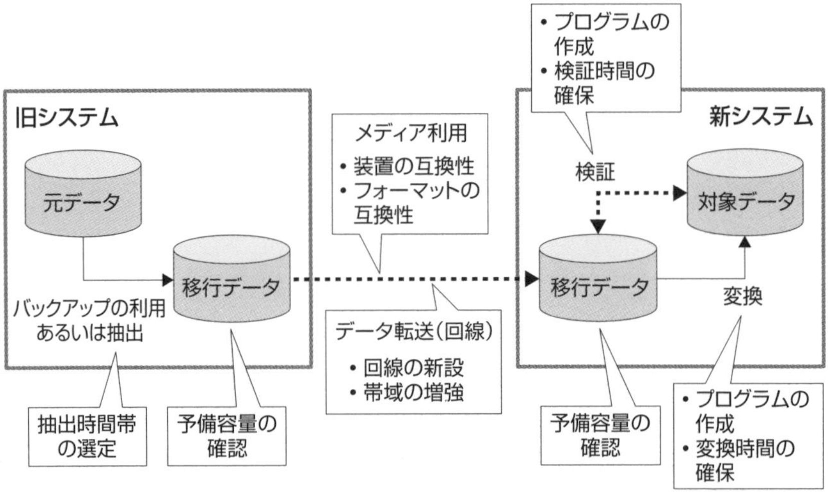

このデータ移行の手段として**データ転送**、あるいは**テープなどのメディア利用**が考えられます。データ転送を社内LANで行う場合は、既存の設備で対処できると思いますが、通信回線を利用する場合、転送能力によっては既存回線の帯域を増強したり、新たな回線を敷設したりすることを検討します。また、メディア利用の場合は、メディアの読込み・書込みをする装置やメディア内の

◉データ移行方式の種類

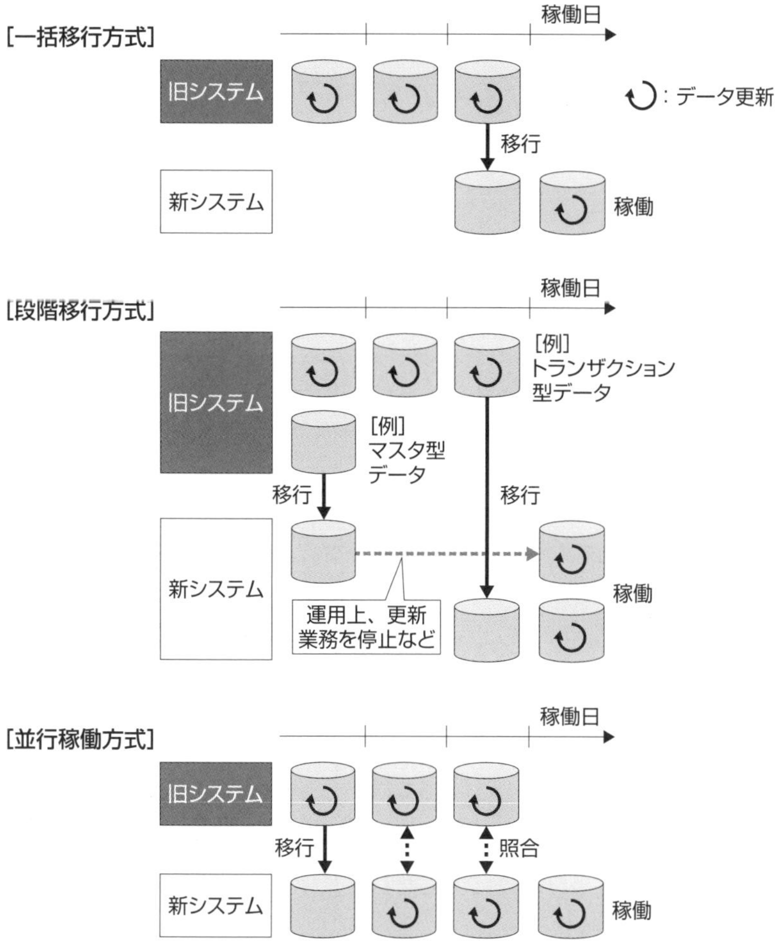

データの量や発生タイミングなどから、実際にはサブシステムやデータ単位でいずれかの方式が選択され、全体としては混合方式となることも多い

データフォーマットの互換性の確認が必要です。互換性がない場合は、装置の新規購入や、メディア利用方式からデータ転送方式への変更を検討する必要があります。

移行元データについては、**既存のバックアップデータをそのまま利用できるのか**などを検討します。新システムへの切替や大規模な業務機能の変更時は、新システムのデータ構造が変更されることが多いため、移行データを取り込む際に変換作業が必要になる場合があります。また、移行データを変換した場合、データ構造の変更に伴い、データ件数やある列の合計数値が変わるなどのため、手作業では検証が困難となる場合もあります。こうした抽出・変換・検証のために、プログラムの開発が必要となる場合は、その開発期間や工数を見込む必要があります。なお、サーバーなどの処理能力やストレージ（ディスク装置）に予備容量があるかなども、移行時間に大きく関わるので確認が必要です。

データ移行は、稼働直前にすべてのデータを一括して移行できるのがシンプルで理想的です。しかし、移行データが大量にあり、移行に利用できる時間が短い場合、変更頻度の少ないデータなどから順次、複数回にわたって行う段階移行となる場合もあります。また、新システム・新機能の検証を兼ねて新旧システムを一定期間、同時に稼働させる並行稼働方式もあります。

●プログラム移行（変更）

新システムや新機能のために開発したすべてのプログラムを更新（変更）するにあたり、**移行対象の一部を漏らすミス**があり得ます。

まったくの新規であれば、そのプログラムが存在しないことで異常終了し、結果的に漏れに気が付けるのですが、変更の場合、一部が古いままでも見かけ上は正常に稼働してしまい、利用者などから問合せ・クレームが来るまで業務データの異常に気が付かないこともあり得ます。たとえ1,000本のプログラムを正しく開発できても、そのうちのたった１本の更新（変更）が漏れただけでもシステム障害となることがあり得ます（1,000本を正しく開発できた労力が報われないことになります）。このようなことにならないよう、構成管理をしっかり行い、移行対象を確実に変更するようにしましょう。

●移行時間の見積り

データの移行、プログラムの移行を踏まえ、**移行時間を見積もります**。

抽出・変換・検証のプログラムについては、対象データが大量にある場合は、たとえば10分の１の量で実行し、10倍して推計するといった方法で求めます。なお、可能な限り、移行日と同様の環境・時間帯で試験的に実行すると、推計値の精度を高めることができます。

プログラムの移行は、大量にある場合、通常運用で予定しているプログラムの置換時間をオーバーする可能性があります。その場合は、予定時間外の手作業など、特別対応を保守・運用担当に相談・実行する必要があるかもしれません。

●移行時の確認項目

何がどう変われば正しく移行できたと確認できるのかというポイントを事前に明確にしておきます。具体的には、計算結果がこう変わるはずだ、応答速度がこれだけ上がるはずだ、データ件数が増える／減るはずだ、などです。そして、それをどのようにして確認するのかという方法も明確にしておきます。ログを確認する、ファイルダンプ*を取って内容を確認するなどです。

用語 **ダンプ**

コンピュータのメモリやストレージ（ディスク装置）などに記録されている内容を表示、印刷、別の媒体などに写し取る（コピーする）ことや、写し取られた内容のこと。プログラムの異常終了やシステム停止などの際に、状況確認、原因究明のために取られることが多い。

なお、本番環境での業務画面の操作が必要な場合は、通常は委託者の情報システム部門やITパートナーにはその権限がない場合があるため、委託者の事業部門が実行しなければなりません。移行計画ではこのような委託者が行う作業も明確にし、事前に合意しておきます。

◉移行時の確認のポイント

種類	内容
変更の確認	• 何がどう変われば、変更が正しいと確認できるのか？ • それをどうやったら確認できるのか？
無影響の確認	• 変更部分以外変わってはいけないものは何か？ • それをどうやったら確認できるのか？

システム稼働後、当該システムの業務特性に応じた**各種イベントの初回稼働**を確実に確認しなければなりません。初回稼働時はシステム障害が発生することが多いため、特に注意を払う必要があります。なお、この「初回」は、必ずしも稼働日とは限りません。

そのため、次のような稼働日以降の各種イベントも含めて移行計画書に明記し、稼働後もしっかり管理を行い、必ず体制を組んで確認することが重要です。

◉各種イベントの候補例

- オンライン処理初日、バッチ処理初日
- バッチ処理後のオンライン処理２日目
- バッチ処理２日目（残高更新など）
- 初めての対外接続時（送信および受信）
- 週末、週初、月末、月初、年度末、年度初
- 長期の連休明けの初稼働時
- データ種別ごとのデータの初発生時
- 初めての法定帳簿作成時（報告書の類い）
- 将来の法定イベント（NISA制度での「５年後のロールオーバー」の類い）

(3) システム移行のリスク軽減策

システム構築において設計・開発したプログラムなどをテストするのと同様、移行計画についても予定通りに移行できるかを“テスト”することができます。それが**移行リハーサル**です。

移行リハーサルにより、たとえば前述の抽出・変換・検証のプログラムの機能を検証し、また移行時間が見積り通りとなるかを計測することで、移行計画を改善でき、確実に移行リスクを軽減できます。そのような改善の機会を設けるため、移行リハーサルは必ず複数回もしくは予備の回を設けます。

移行リハーサルにおいては、移行リハーサルを行う環境が可能な限りシステ

ムが稼働する環境に近いことが望ましいため、たとえば機器なども新設する新システムの場合、本番稼働を迎える前の新サーバーなどを用いることが考えられます。既存システムの機能変更などの場合は、開発環境を可能な限り本番環境のように整備して行うようにしましょう。またデータも、たとえば移行日がある月末日の場合、その1カ月前の月末日のデータを用いるなど、**移行日と類似する日のデータを使う**のが良いでしょう。

システム移行を成功させるためには、概要設計工程で移行設計をしっかり行い、これに沿って必要な開発や移行計画の詳細化を行い、移行リハーサルでこれを検証・改善するとともに、移行リハーサルを移行の訓練の機会として活用することに尽きます。

なお、大規模なシステムあるいは重要度の高いシステムの移行リハーサルにおいては、**変更前の状態に戻すコンティンジェンシープランも対象としてリハーサルを行います**（コンティンジェンシープランについては4-2-5で詳しく説明します）。なぜなら、コンティンジェンシープランが失敗した場合、変更前の状態に正しく戻せず、既存の業務でシステム障害となる可能性が高いからです。

また、コンティンジェンシープランのミスを想定して、2回行えるだけの作業時間を見積もっておきます。移行計画では、移行とコンティンジェンシープランの作業時間を考慮し、通常の計画停止時間内では作業ができない、あるいはリスクが高いようであれば、計画停止時間の延長を委託者・受託者間で合意するようにします。

◉移行リハーサル範囲のイメージ図

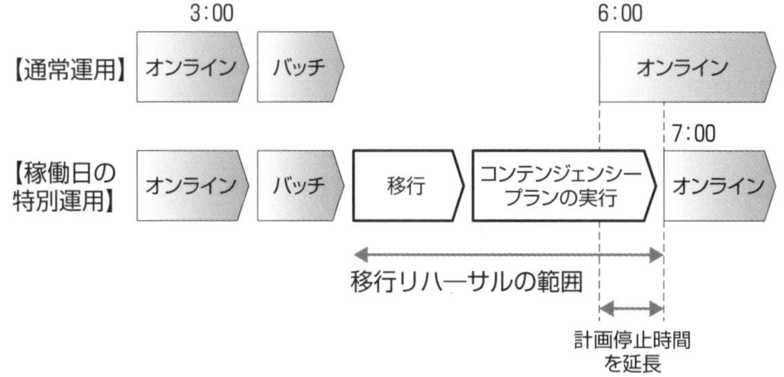

2-3

予防策に関するルール（標準化編）

2-3-1　機器・ミドルウェア・クラウド利用の標準化を行う

(1)　UNIX OS時代の弊害

証券業界では、いわゆる「第三次オンラインシステム」まではメインフレーム（大型汎用機）を用いてシステム構築が行われてきました。しかし、投資信託、年金、生命保険などの機関投資家との取引急増に伴い、トレーディングの巧拙が証券会社の収益に大きな影響を与え始め、各社とも1980年代後半、トレーディングシステムの構築を開始しました。

このシステムには、当時、急速に利用が進んでいたグラフィックに強いエンジニアリングワークステーション（EWS）という機器が採用されましたが、そのOSはUNIX*でした。UNIXも本来オープンなOSだったのですが、メーカー別に陣営が分かれてしまい、Sun OS（Solaris）、HP-UX、AIXなどと差異が発生しました。ハードウェアが変われば互換性がない、またミドルウェアも異なる、という状況が生まれました。

それとともに、ある業務領域に強いITパートナーX社はA社のUNIXが得意、別の業務領域に強いITパートナーY社はB社のUNIXが得意という状況になってしまい、企業のシステムも委託先ITパートナーごとに縦割り構造となる、いわゆる「サイロ化*」「ベンダーロックイン*」が起こりました。

用語　UNIX

1969年にAT&T社ベル研究所で開発が始まったOSや、そこから派生したOS。

用語 サイロ化

農場にあるサイロは塔のように高く複数が立ち並んでいるが、内部がつながっておらず独立している。転じて、企業の組織や情報システムそれぞれが独立した動きとなって連携が取れない様子を表すようになった。

用語 ロックイン

特定の製品・サービスや技術などに依存し、同類の別の製品・サービスや技術などへの乗換が困難な状態に陥ること。

◉サーバーの変遷

メインフレーム（専用OS）	専用サーバー（さまざまなUNIX）	ブレードサーバー（Linux*/Windows）	プライベートクラウド（Linux/Windows）	パブリッククラウド（Linux/Windows）
• シングルアーキテクチャ	• システムごとに異なるハードウェア・OSなど（ベンダーロックイン） • システムのサイロ化が進行	• ブレードサーバーに集約 • OSもLinuxとWindowsに収斂	• 仮想化を推進 • 調達・構築の一元化 • これによりコスト効率化が劇的に進展	• 完全従量制による初期コストの低下 • AIなどの特徴的な機能が進化

用語 Linux

UNIX系OSの一種で、世界で最も普及しているオープンソースのOS。

⑵ サイロ化の問題と対策

複数種類の異なるハードウェア、OS、ミドルウェアなどの導入に伴い、製品や処理方式が異なり、複数の製品やその組合せごとに設計・構築を行いながら品質を確保することが極めて難しくなりました。大和総研においても、一時期、UNIX系の障害が多発しました。さらにはサイロごとに異なるスキルセットを持った人材を用意しなければならず、調達・育成コストも含め、高コストな体質になってしまいました。

多種多様な機器などの導入は、複雑な設計・構築による品質低下、管理負荷の増大、保守・運用コストの増加を招きます。そのため、個々のシステムに最適な機器などを導入する「個別最適」をいくら積み重ねても、システム全体にとって最適な「全体最適」には決してなりません。**機器・ミドルウェアの選定は、案件ごとに行ってはいけないのです**。

また、同一分野において既に数種類の機器・ミドルウェアを選定している場合で、そこへ種類を追加する際、**増加する管理負荷と得られる効果のバランスをよく考慮して判断する**必要があります。新しい種類を追加したいが、管理負荷を増やしたくない場合は、古い1種類を減らすことを検討すべきことさえあります。

(3) クラウドでも標準化は必要

その後、ブレードサーバーへの集約を経て登場したプライベートクラウドは、OSやミドルウェアの標準化を促し、サイロ化を防ぐ効果がありました。そして現在は「所有」から「利用」への流れが加速し、プライベートクラウドに加え、**パブリッククラウドは欠かせない選択肢**となっています。

Column

大和証券グループのプライベートクラウド

「発刊にあたり」で述べたように、大和総研では2000年代の障害を契機に、品質向上の取組みを行い、機器の構成・選定からシステム設計を標準化し、「運用中心フレームワーク」と命名した社内標準を作成・更新してきました。

この標準化で一定の効果が上がったのですが、その後、一層のインフラの品質向上のために、「標準化の範囲を広げ、精緻化して、構築時の審査をしっかり実行する」方式と、いっそのこと「標準化されたインフラを構築してサービス提供する」方式と、どちらが良いかと侃々諤々（かんかんがくがく）の議論となりました。その結果、前者の方式は、構築や審査が会社全体として見た場合に重複した活動になるのではないかとの結論となり、いわゆるプライベートクラウドを構築することになっていきました。

大和総研では最初からプライベートクラウドの開発を考えていたのではなく、標準化の議論の中から自然とプライベートクラウドに向かうことになったのです。

◉IT分野での「所有」から「利用」への推移

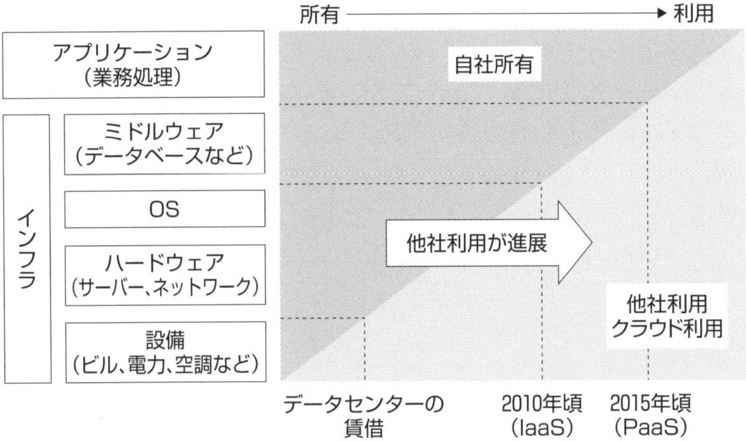

しかしながら、従量課金制、迅速なリソース拡張、AI系の分析機能などのメリットと、リソースが共有されていることに伴う障害のリスク（停止や遅延）とが背中合わせであることを踏まえながら、業務・システムの特性に合わせて上手に活用していく必要があります。

パブリッククラウドの選択の仕方によっては、以前のサーバー時代と同様にロックイン（クラウドロックイン）が起き、管理負荷の増大や保守スキルの分散・低下を招く可能性があります。そのため、**クラウドの各機能の長短を考慮しながら、採用ポリシーを明確にしなければなりません。**

特定のクラウドサービスプロバイダーへの依存度が高まると、次のようなデメリットが生じます。

・技術の進歩がクラウドサービスプロバイダーに依存してしまう
・長期的にはITコストが高止まりする可能性が高くなる
・他製品・他クラウドへの移行が困難、あるいは移行コストが高くなる

つまりパブリッククラウドは、**特性・効果に加え、将来の制約なども考慮しながら活用しなければなりません。**

(4) ベンダーロックインの回避

ロックインの原因は、ITパートナーというよりも、委託者（情報システム部門）にあります。自社インフラ、パブリッククラウドにかかわらず、自らの主体性が低い“丸投げ”度合いが高まれば、ブラックボックス化を招き、ロックインのリスクは高まります。

2020年８月25日、経済産業省と東京証券取引所は、デジタル技術を前提としてビジネスモデルを抜本的に変革し、新たな成長、競争力強化につなげている企業を表す「**DX銘柄**」を発表しました。従来の「攻めのIT経営銘柄」から改称し、選定の焦点をDXに絞り込み、基準を変更したものです。これについて、『日経コンピュータ』（2020.9.17号）に「これが日本のDX　『DX銘柄2020』受賞８社が突き進む変革の実像」という特集記事が掲載されました。本記事では、「『PoC*止まりになっていないか、体制を整備しているか、計画的にレガシーを刷新しているか、ベンダーやIT部門に任せきりにせず経営者自らリーダーシップを発揮して取り組んでいるかなどが重要なポイントとなる』と経産省の田辺商務情報政策局情報技術利用促進課長は説明する」とありました。最後に記載されているように、ITパートナー（ITベンダー）に任せきり（ベンダーロックイン）では、ビジネスモデルの変革にITを活用できているとはいえないでしょう。

そのためには、クラウドをはじめとする新機能・新手法にチャレンジする際は、**主体性を持って内容を押さえ、ロックイン回避の知恵を絞りつつ、上手に活用していく必要があります**。

用語　PoC

Proof of Conceptの略。新しい理論、技術、手法などが実現可能か、あるいは既存のシステムなどに適用可能かなどを、机上検証にとどまらず、実機などで検証すること。

2-3-2 システムの可視化のためにドキュメントを維持する

(1) ドキュメントの最新化の意義

システムドキュメントは大別して**ストック型文書**と**フロー型文書**の2種類があります。

ストック型文書はシステムを保守・運用するために継続的に利用するドキュメントであり、常に最新かつ正確な状態を維持しなければなりません。また保守は初期構築に携わった者とは別の人がすることが多いため、誰もが理解できるように、標準化されていなければなりません。フロー型文書は案件単位で作成するもので、その内容を確実にストック型文書に反映しなければなりません。

システムドキュメントの誤りは、システム開発や保守において誤った判断を下す原因となり、その結果、品質低下や障害をもたらす可能性が高くなってしまいます。

プログラムについて「ソースコードが最新状態を表しており、ドキュメントを書くのは時間の無駄だ」という見解も目にしますが、ソースコードはよほどうまくコメントを付けるなどしない限り、最新の状態はわかっても、なぜそういう処理にしたのかの背景や意図はわかりません。

◉ドキュメントの種類

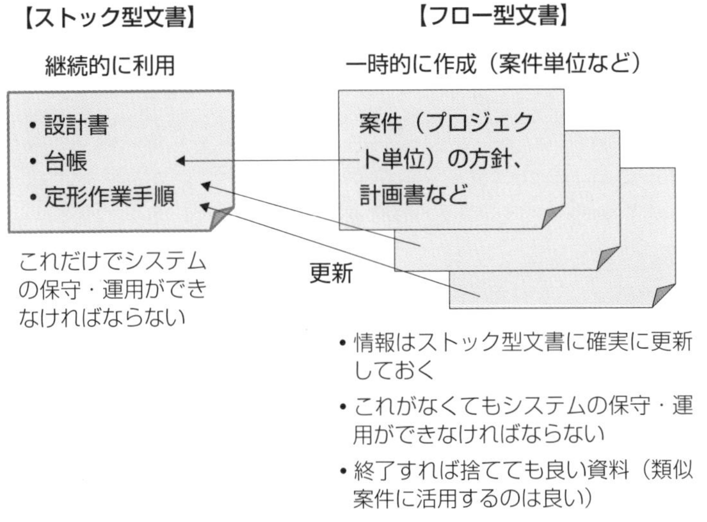
【ストック型文書】
継続的に利用
・設計書
・台帳
・定形作業手順
これだけでシステムの保守・運用ができなければならない
【フロー型文書】
一時的に作成（案件単位など）
案件（プロジェクト単位）の方針、計画書など
更新
・情報はストック型文書に確実に更新しておく
・これがなくてもシステムの保守・運用ができなければならない
・終了すれば捨てても良い資料（類似案件に活用するのは良い）

(2) ストック型文書とフロー型文書の注意点

ストック型文書は、これだけでシステム保守・運用ができなければならない資料のため、更新する際には次のことに注意する必要があります。

- 記載すべきことは、後に保守する人がなぜそうなっているのかを理解できる情報でなければならない
  - 趣旨、目的、背景、意図、方針
  - 経緯、事実
  - 前提、制約、例外　　など
- たとえば、次のような記載が必要である
  - コストや期間の制約から、何々をコピーして新規に作成したため、今後、類似の論理を2カ所について修正する必要がある
  - 何々により、データ件数の上限を何万件と想定した
  - 対外接続データが終日来ない際は、特別なジョブ群を動的に起動している
- フロー型文書の内容そのものや、プログラムソースのような内容を記載する必要はない

なお、ストック型文書では、**ある仕様は1カ所にしか記されない状態を保つこと**が重要です。複数箇所に書かれた同一の仕様は、保守の過程で同じように更新されなくなり、いずれ異なってしまうことで仕様の誤認につながります。

またフロー型文書は、プロジェクトや保守案件ごとの単位に一時的に作成するものであり、稼働後においては**フロー型文書がなくても、保守・運用ができないといけません**。フロー型文書はプロジェクトや保守が終了すれば捨てても良いくらいの文書です。ただし、類似案件の効率化のため、再利用できるように別途期間を定めて保存しておく、あるいは履歴として残しておくことはあります。

(3) 開発ワークフロー

標準化されたドキュメントとしては、次ページの図が考えられます。各工程は前工程の成果物をインプットとして、**基準書・手順書**に基づいて作業を行い、当該工程の成果物を作成します。これを表したものが**工程ワークフロー**です。

◉開発ワークフローの例

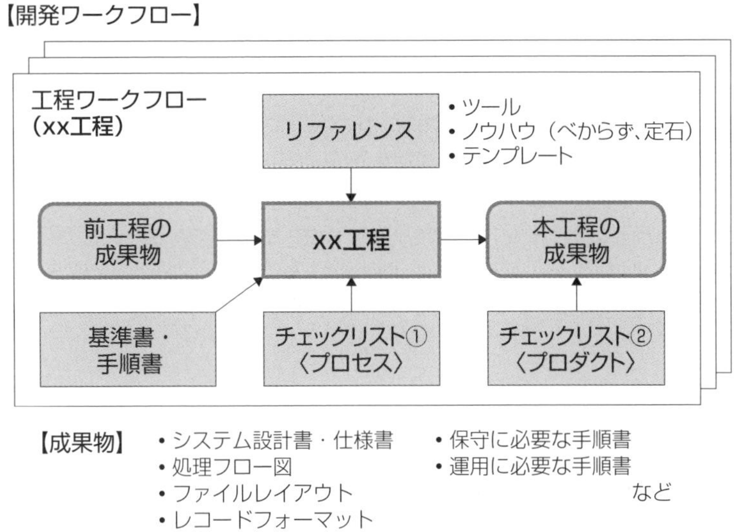

- 開発ワークフロー：工程ワークフローをつなぎ合わせた一連の作業を流れ図として表したもの
- 工程ワークフロー：その工程で何を行うのかを示したもの
- 基準書・手順書：その工程でどう行うのかを示したもの
- リファレンス：その工程で参考にすべきコツや事例
- プロセスチェックリスト：手順通りに行ったかをチェックするもの
- プロダクトチェックリスト：仕様通りに作られたかをチェックするもの

その際、**リファレンス**を参照して作業を補完します。リファレンスはその工程で参考とすべき、過去の知見が詰まったテンプレートや事例集です。

そして正しく成果物が作成できたかをチェックリストで確認します。チェックリストは手順通りに行ったかを確認する**プロセスチェックリスト**と、仕様通りに作られたかをチェックする**プロダクトチェックリスト**を用意します。

Column

ソフトウェア開発における課題

ソフトウェア開発は、しばしば建築と比較され語られることが多いです。しかし、建築とソフトウェア開発には大きな相違点があります。ソフトウェアは建築とは異なり、物理的な実態がない「不可視性」がある「情報」を扱うため、委託者と受託者との間で出来上がりに対する認識の違いがしばしば起こります。この不可視性の克服がソフトウェア開発における根本的な課題です。

コンピュータは商用利用されてからまだ100年も経っていないことも相まって、数千年にわたって先人の英知によって課題を解決してきた建築と同等の完成度をソフトウェアが持つには、まだまだ膨大な学問的研究と時間が必要になることでしょう。

(建築とソフトウェア開発の相違点)

・建築

【作る対象が目に見える】形・大きさ・色・質感など、作ろうとするモノが目に見える。

【作っている間に対象が普通は変わらない】よほどの問題がない限り、着工してから部屋の広さを変えるなどの変更は行わない。よって当初４LDKの予定であったが、完成したら８LDKになっていた……といった規模の増加はあり得ない。

【工法がおよそ理解できる】発注者が素人でも、玩具や模型、過去の学校教育などから作業を想像できたり、実際の作業を見て概要がおよそ理解できたりする。

・ソフトウェア開発

【完成品を見ることがなかなかできない】画面や帳票などを通してシステムらしきものが見えてくる。しかし、システムそのものを見ているわけではないので全貌が見渡せない。また画面や帳票などが見られるのは、一般的には最後のほうの工程となる。

【作っている間に作る対象（範囲）が変わっていく】画面や帳票のテスト結果から「イメージや操作感が違う」「当初は思いつかなかったがやはりこういう機能もほしい」などと要件の変更が発生する。それでコストが跳ね、当初予算の２倍の規模・金額となっていた……といったことがあり得る。

【標準的な工法が存在せず、理解しにくい】開発の方法論について、統一された規格が確立しておらず、ITパートナーによって工程・作業・成果物の名称や範囲が異なり、委託者が理解しにくい。

2-4

検知策に関するルール

検知策は、「監視などでイレギュラーな事象を早期に見つける対策」であり、予防策でリスクをカバーしきれずに残念ながらシステム障害として顕在化してしまった場合、あるいはその予兆がある場合にいち早く発見する策です。

そのため、**事業部門や利用者が気付かないうちに、システム運用者が発見できることが望ましい**です。なぜなら、システム障害の種類などにもよりますが、自ら発見すれば障害の拡大を防げたり、障害内容やその原因、解決策、復旧の見込みなどについて利用者により詳しく伝達できたりする可能性が高くなるからです。

本節では、どうすればいかに早くイレギュラーな事象を発見できるかについて解説します。

◉危機管理計画の内訳（再掲）

障害が起きないようにする対策	①予防策	あらかじめ障害が起きにくい構成・構造にする（高可用性設計や事前のリソース増強、OSのパッチ適用など）
起きてしまったときの対策	②検知策	**監視などにより、イレギュラーな事象の予兆・発生を早期に見つける（委託者や利用者が気付かないのがベスト）**
	③代替策	業務継続のため、あらかじめ決めた方法を実行する（たとえばネット注文をコンタクトセンターで受けるなど）
	④復旧策	障害発生原因を暫定的もしくは恒久的に取り除く（プロセスの再起動や、プログラムやデータを修正する）
二度と起きないようにする対策	⑤再発防止策	システム障害の原因に応じた対策を考案し、実行する。具体的には次の2つの対策が考えられる • 混入原因対策 調査漏れ、設計不備などはツールの拡充、システム資料の整備など • 流失原因対策 レビュー漏れ、テスト漏れはレビュー観点のチェックリスト化など

2-4-1　監視の基礎

(1)　監視の対象

システムが推奨するサービスや、それを構成する機器・OS・プログラム（アプリケーション）などの異常をいち早く発見するためには、監視を行う必要があります。監視には、対象に応じていくつかの種類がありますが、まずベースとなる**システムの監視**があります。サーバーやネットワーク機器などのハードウェアそのもの、それら機器などの冗長構成の状況、リソースの使用状況、稼働している各種プロセス（処理）、ハードウェアやプロセスなどが出力したログが対象になります。通常、ハードウェアやミドルウェアなどは、事故の状態やエラーなどを通知する、あるいはログに記録する機能を標準的に有しているので、それを利用します。プログラム（アプリケーション）において、特別なアラートやエラーを出力する必要がある場合は、開発する中でログに記録する機能を組み込んでおきます。

続いて**イベントの監視**があります。システムイベントは内部的なもので、バッチ処理やサービス開始処理の遅延などを把握するものです。業務イベントは外部的なもので、対外接続された相手に本来送るべきデータをまだ送っていない場合などがあります。これらの監視は、実際には定められた期限までに処理が完了したかを確認する定時点監視で行います。

次に**サービスの監視**ですが、継続的にサービスが提供できているか、そして画面の応答時間などサービスレベルが適切か（SLO/SLAを遵守など）を監視

◉監視対象の種類

監視対象の種類		説明／例
システム	ハードウェア	メモリ、電源、温度、ネットワークなどの状況
	冗長構成	正副間で相互に稼働を確認（死活監視）
	リソース	メモリ、ストレージ、ネットワークなどの使用率
	プロセス	常駐プロセスの存在、プログラムの異常終了
	ログ	アラート／アラーム／エラーメッセージの有無
イベント	システム（内部）	バッチ処理の標準的時刻からの遅延
	業務（外部）	送信すべきデータが未送信である状況
サービス（UI/UX）	継続性	継続的にサービスが提供できている状況
	サービスレベル	画面の応答時間
クラウドサービス		サービス提供に利用しているクラウドサービスの状況

します。

最後に、昨今、システム構築にあたって利用が拡大している**クラウドサービスに対する監視**があります。

なお、2-2-4で述べた冗長構成が機能しない中途半端な状態である「半死に」に対しては、システムの監視では検知できません。イベントの監視では処理が機能しないことで検知できる場合もありますが、それはたまたま定時点監視に設定した時刻に近いときだけです。それに対し、サービスの監視であれば、応答がないことからほぼリアルタイムに機能していないことを検知できます。

◉サービス監視の効果

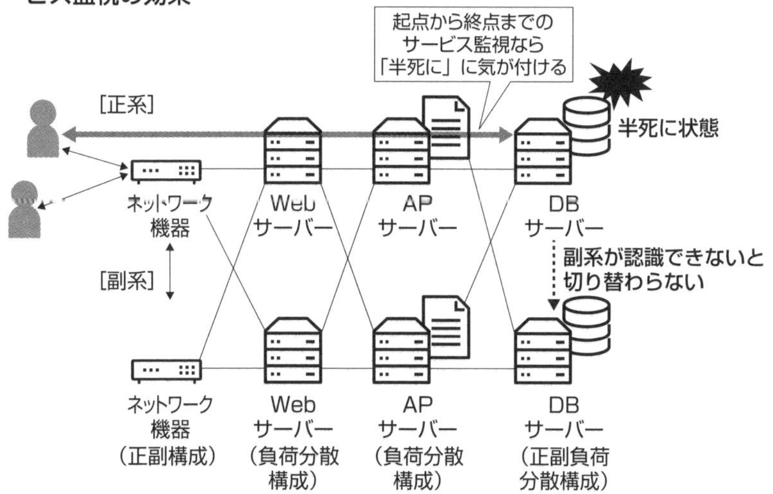

また、クラウドサービスにおけるシステムに対する監視は、次ページの図でいうとIaaS・IDaaS・SaaS内、つまりクラウドサービスプロバイダーの内部で行われます。その際の障害は当然通知されますが、監視の範囲やタイミング、頻度などはオンプレミスのように自社の事情に合わせた自由度があるわけではありません。ましてや予兆の検知・通知などは十分に兼ね備えていません。しかも昨今、それぞれの機能に特徴がある複数のクラウドを使い分ける、あるいは連携させるマルチクラウドが普及しています。

マルチクラウドの利用においては、**それぞれのクラウドサービスそのものが稼働しているか、応答時間などのサービスレベルが適切かを監視すること**も重要になってきます。

このようなシステム構成になってくると、自社システムや複数クラウドサービスとの接続も多くなります。また、機能を小型化したコンテナ技術（3-4-2で解説）に伴って管理すべき粒度が小さくなり、管理対象も増えてきます。そのため、発生する障害も複雑になり、従来の個々の監視だけでは問題を把握・理解することが難しくなっています。サービス監視（UI/UX*の監視）はその対応方法のひとつであり、「可観測性*」（オブザーバビリティ）の向上に寄与します。

用語 UI/UX

UIとは、User Interface（ユーザーインターフェイス）の略。コンピュータの画面表示、音声入出力、文字入力、マウスなどの画面位置の指示、画像・映像入力などの機器・機能。

UXとは、User Experience（ユーザー体験）の略。利用者側から見て画面構成の一貫したデザイン、画面の文字や色などの見やすさ、自然な画面遷移などから、使いやすい体感を表す概念。

システムの機能・性能が優れていてもUIが不適切だと、利用者がシステムを使いこなせないどころか、操作負担を与える、効率が低下するなどの弊害があるため、昨今、重視されている考え方。

用語 可観測性

Observe（観察）とAbility（能力）を組み合わせたもので「観察する能力」を指す。複雑化に伴って観測しづらくなったシステムに対して、さまざまな観点・手法により、観測しようとする取組みのこと。

◉マルチクラウドでのサービス監視

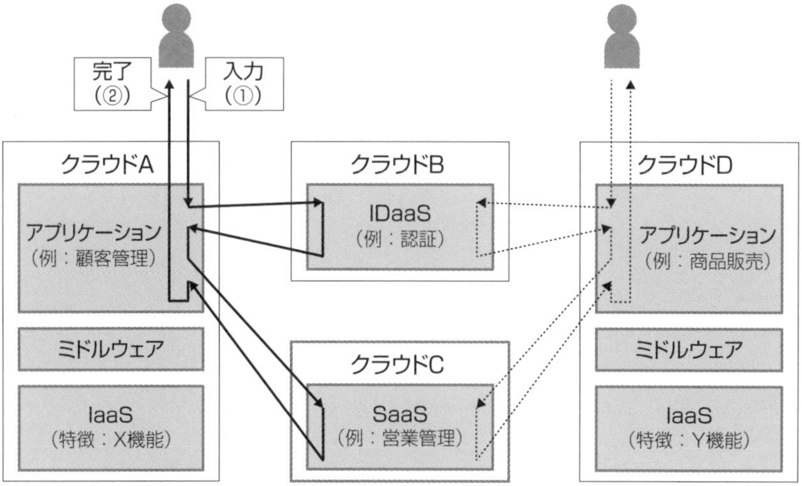

※上記①の起点から②の終点までを監視することで、それぞれのクラウドサービスそのものが稼働しているかも監視できる

(2) 監視対象の特定と方法

ハードウェアやミドルウェアなどについては、付属する純正ツールや市販のミドルウェアなどで、比較的容易に監視の対象を特定しやすいです（状態や利用状況の情報もツールによりほぼ自動的に収集できます）。

しかし、業務系データのファイルは自らが設計したものなので、**監視システムにその所在（フォルダ）やファイル名などを登録し、上限値の使用率などを事前に登録する**必要があります。対象として登録しない限り、当然ですが監視されないので、ある周期で構成管理台帳などと突き合わせて確認するなど、確実に監視されるようにしましょう。

監視の方法は2種類あります。1つ目は、アラート、アラーム、エラーといった異常な状態を検知する**異常監視**です。これは、前述のようにハードウェア、ミドルウェアやプログラムが自ら通知するタイプのものです。

しかし、異常監視の最大の欠点は、異常がないからといって正常稼働しているとは言い切れない点です。たとえば、業務処理で画面操作が1件もないからエラーもないのか、画面操作を実行するプログラム（アプリケーション）がハングアップ*（処理が滞留）しているからエラー出力ができないのかがわかりません。

そこで重要となるのが、もうひとつの**正常稼働監視**です。これは、機能やサービスが異常終了せずに存在しているか（死活監視）、あるいは機能しているか（送信データのデータ番号が増加しているかなど）を積極的に確認し、確認できなかった場合にエラーとするものです。システム系（インフラ系）では以前から行われている監視方法ですが、プログラム（アプリケーション）についてはあまり行われてきませんでした。しかし、サービスに対する監視方法として、インターネット上のサービスの発展とともに普及してきました（なお、正常稼働監視については2-4-3で詳しく解説します）。

用語 **ハングアップ**

コンピュータやソフトウェアが動作を停止し、操作を受け付けなくなったり、通信において送受信しなくなったりする状態のこと。パソコンでいうと、何も操作を受け付けない“固まった”状態（フリーズ）で、再起動するしかない状況のこと。

◉監視方法の種類

監視方法の種類	説　明
異常監視	アラート、アラーム、エラーを検知する
正常稼働監視	継続的に機能していることを確認し、確認できなくなったらエラー扱いとする

⑶　アラートとアラームの差異

エラーは、たとえば業務系でいうとデータの書式や属性が異なる、数字に不整合があるなど、事象はイメージしやすいと思いますが、アラートとアラームの差異はわかりにくいのではないでしょうか。

アラートとは、通知の受け手が予期していない事態の発生を伝える警告であり、日常生活でいえば、自然災害の発生に伴う警戒警報にあたります。ハードウェアの中には自ら予兆発見機能を有している製品もあり、たとえばストレージ（ディスク）では、読込み・書込みのリトライ（エラー後の再読込み・書込み）の回数が一定の値を超えると、予防保守（予防交換）を促すアラートを通知します。

一方、アラームとは、あらかじめ設定した値に到達したことを伝える警告であり、日常生活でいえば、時刻を知らせてくれる目覚まし時計です。たとえば、ある業務ファイルの使用率があらかじめ設定した数値に達した際に通知します。

◉アラートとアラームの差異

	説　明	例
アラート	予期していない事態の発生を伝える警告	システム障害に至りそうな機器の不安定な様子（読込み・書込みのリトライ発生など）
アラーム	あらかじめ設定した値に達した際に行われる警告	リソースの使用率など

システム監視のリソースやプロセス、イベントなどは対象の種類こそ違いますが、通常、アラームに段階を設けます。これは、いきなり限界値を超えると即座にシステム停止となり得るためです。

最初のアラームは、**重要な警戒レベルに達したこと**を知らせるもので、このまま放置するとシステム停止になりかねないことを警告します。この警告後は、具体的にはリソース増強などのリスク軽減策の実行を検討します。

次のアラームは、**危険なレベルに達したこと**を知らせるもので、もうすぐシステム停止になってしまう可能性が極めて高い状況になったことを警告します。この警告後は、コンティンジェンシープランの発動を検討しなければなりません。なお、アラーム設計については、2-4-2で詳しく解説します。

◉アラームのレベル

アラームのレベル	検知後のアクション	設定の仕方	例
重要警戒	リソース増強などのリスク軽減策の実行を検討	「危険」に到達するまでのリスク軽減策の時間を加味して設定	75%
危険	コンティンジェンシープランの発動を検討	発動後の有効化までの時間を加味して設定	95%

⑷　監視の例外

画面を操作している際の何らかの入力エラーは、画面にエラー表示を行い、利用者に対して正しい操作を促します。このようなエラーは、システムレベルのエラーとしては扱いません。

ただし、あまりにこのようなエラーが頻出する場合は、画面（UI）の作りが悪い可能性があり得るので、構築部門が改善点を把握するために**操作ログなどを定期的に監視する**場合もあります。

(5) 監視の工夫・見直し

同一の事象で監視表示が過度に多い場合、他の監視対象からの重要なサインの見落としを生み、障害対応の初動を遅らせる原因となり得ます。同一の監視メッセージが大量に出力されるような場合、他の監視メッセージの見落としにつながらないよう、何件出力されているといった集約表示を行うようにするなど、**表示量の抑止の検討**も重要です。監視対象とする事象や監視メッセージは、障害発生時の影響度を十分に検討した上で厳選する必要があります。

重要警戒メッセージが通知されたら、当日のデータなどについて前日との比較や前週同曜日比などを分析し、あわせて政治、経済の重要ニュースなどを確認し、**一時的な現象によるものかどうかを判断する**必要もあります。業務によってはさまざまな特性があり、五十日（ゴトウビ。毎月の5と10の納金などの日）や年度末・年度初などには、普段と違う傾向が出ることもあるので、それらの特殊日も考慮する必要があります。

システム環境には、OS・ミドルウェアのバージョンアップや新たな業務機能の追加、法制度の変更に伴う保守、システム構成・構造の改善など、さまざまな変化があり、データの処理性能にも影響を与えます。そのため、システム状況を常に把握し、トレンド分析を行い、それに応じて監視の設定も見直しましょう。

2-4-2 アラームは対策の実行時間を考慮して設計する

(1) リソース系のアラーム

アラームのもととなるチェックポイントは、通常、2つ（もしくはそれ以上）設けます。

「危険」の対象となるポイントは、**検知後、コンティンジェンシープランの発動作業時間とその効果が出るまでの時間を求め、その時間がリソースなどのどれくらいの使用率に相当するのかを計算し、それを余裕分として100％か**

ら逆算して設定します。この余裕分がないとシステム停止が起きるおそれが高いからです。コンティンジェンシープランの例としては、処理負荷軽減のために一部のサービスを停止するなどです。

次に、「重要警戒」対象となるポイントを決めます。このポイントは、危険ポイントに達しないようにリソース増強などの予防策を打つタイミングですから、**予防策の作業時間を求め、その時間がリソースなどのどれくらいの使用率に相当するのかを計算し、それを余裕分として危険の対象となるポイントから逆算して設定します**。

この予防策の大きな要因を占めるのが、増強する機器や部品の調達時間と、調達後の作業時間です。よってこの調達時間を短縮するために、事前に予備機を設ける、あるいは冗長構成とすることが考えられますが、それはサービスの重要性とコストとの兼ね合いで決定します（3-2-1で解説）。

なお、2-2-2で述べたように、たとえばAWSのオンデマンド型のリソース増強オプションであるAuto Scaling機能を利用する場合、事前の定義により、この重要警戒の検知と増強作業を自動で行ってくれます。これは、パブリッククラウドを利用する、大きな利点のひとつです。

◉リソース系の監視ポイント

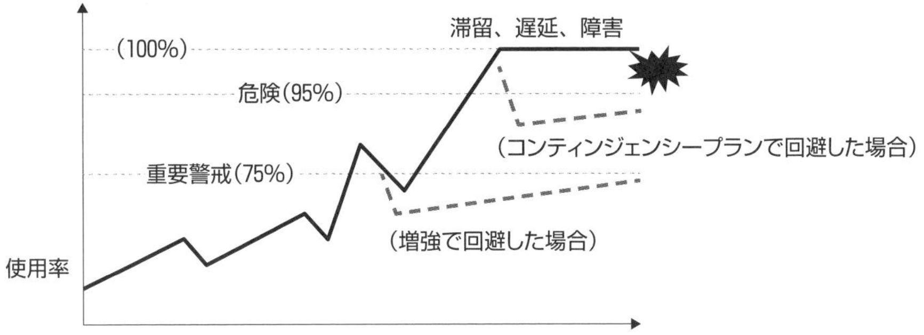

⑵　イベント系のアラーム

イベントの監視は、実際には定められた期限（SLO/SLA）までの間に処理が完了したかを確認する**定時点監視**です。

バッチ処理にせよ、対外接続のファイル送受信にせよ、新規稼働時は処理量に基づき推定した処理時間に障害対応などの余裕時間を加味し、SLO/SLAの期限より手前に「**危険**」時刻を設定します。そして、実績の蓄積により得られる平均終了時刻近辺に「**重要警戒**」時刻を設定します。

これらはデータ量によって変動するので、状況を常に把握し、データ量の増加具合に対する処理の効率化も図りますが、状況に応じてSLO/SLAの変更を委託者と調整する必要もあります。

◉イベント系の監視ポイント

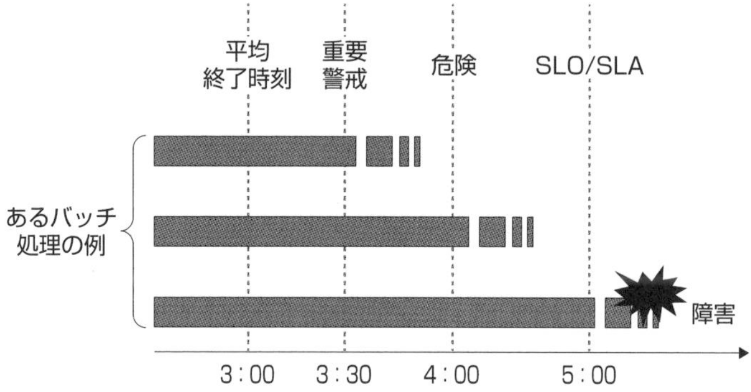

2-4-3　正常稼働監視をあらかじめ組み込む

(1)　インフラ系の正常稼働監視

正常稼働監視は、インフラ系では「死活監視」と呼ばれ、たとえばシステム内で常に稼働すべき機能（常駐プロセス）が稼働しているかを能動的に監視する仕組みを用意し、監視対象が消滅した場合に、エラー通知を行います。

また冗長構成の場合、正系と副系との間で**ハートビート***と呼ばれる信号を１秒間に数回、定期的に送受信します。そして、それが何回か途絶えたら相手側がエラーと判断し、エラー通知を行うとともに、判断した側が副系の場合、自らが正系に切り替わります。副系がエラーの場合は、エラー通知のみで、正系が処理を継続します。

用語 ハートビート（Heartbeat）

心臓の拍動のこと。ネットワーク上でコンピュータやネットワーク機器が、自身が正常に稼働していることを外部に知らせるために送る信号のこと。ヘルスチェックという場合もある。

ネットワークで接続されたそれぞれの機器は、相手から長時間通信がない場合、処理要求がないから通信がないのか、障害などで通信がないのかがわからない。このため、多くの機器やミドルウェアでは、処理要求がないときでも一定時間ごとに「生きている」ことを相手に伝えるように設計されている。

⑵ 業務系の正常稼働監視

情報システムが企業・団体などに閉じていた時代は、アラート、アラーム、エラーが出力されたら異常や障害が発生していると認識していました。あるいは、それらが出力されなくてもハングアップなどにより端末が実際には使えない場合は、利用者である支店・事務所などの従業員が利用できない旨を情報システム部門へ連絡していました。そして障害の代替策・復旧策の実行や、復旧の目安などの連絡は、企業・団体などの内部で行われていました。

しかし、インターネットの普及後、情報システムの利用者の主役が一般消費者や個人投資家などになってからは、「異常もしくは障害が発生しているか」という監視から、「**サービスが継続的に提供できているか**」という監視、つまり正常稼働監視への転換が必要となりました。なぜなら、インターネット上のサービスでは利用者がシステム停止を面前で認識できてしまうからです（そういう意味では、銀行のATMや、鉄道の運行システムなども同様です）。別の言い方をすれば、業務を継続するためには正常稼働監視は必須になったといえます。

しかし、**業務処理では正常稼働監視を行うことは難しい**です。なぜなら、業務処理では注文するなどの何らかの業務的なイベントがない限り、プログラム（アプリケーション）が稼働しないからです。

そこで代替手段として、次のことを行うことが多くあります。

・システム上に疑似ユーザーを設け、定期的にサービスへのログインを行う
・疑似ユーザーがデータ更新を伴わず、また口座などの個人情報でない外国為替などの共通情報の参照を行う
・こうした際の応答速度もログに記録し、性能劣化していないかを確認する手段として利用する

このデータ参照では、すべての参照処理は稼働できませんし、当然のことながら更新処理は確認できませんが、基本的な稼働確認はできます。また、まったく処理できなくなるハングアップ状態に陥っている場合は、通常のタイムアウト監視でエラーとして検知できます。これにより、本当の利用者がいないときでも、つまり本当の利用者が使う前に異常に気が付けます。

◉擬人化による業務系の正常稼働確認例

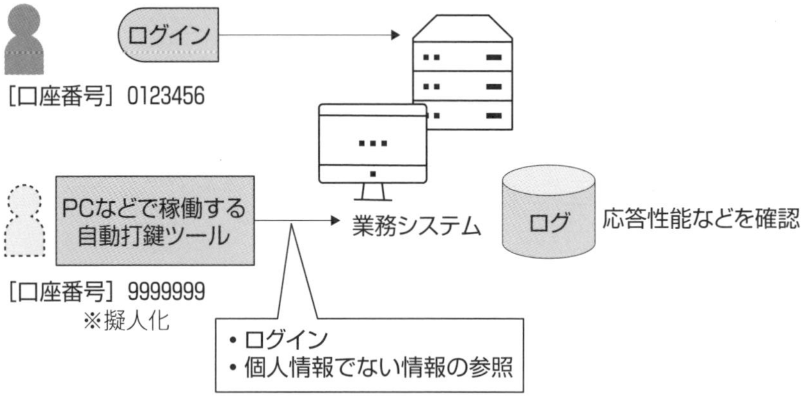

また、対外接続先の確認としては、前述の接続済時刻の定時点監視に加え、データ送受信のたびにデータ数の増減をログに記録し、その数字の変動をもって動作していると捉えられることが考えられます（ただし、0件である場合がしばしばある業務では効果は小さいかもしれません）。これを実行するためには、そもそも接続済時刻や送受信件数をログに書き込む処理を行わなければなりません。つまり、設計時に**あらかじめ正常に稼働していることを確かめるためのポイントを明確にし、それを業務処理の中に組み込んでおく**必要があります。

2-4-4 通知後のアクションを促すような監視メッセージにする

(1) 監視メッセージは部位や影響がわかるように標準化する

通常、監視端末にアラート、アラーム、エラーが表示されると、運用者が開発担当や保守担当などに連絡し、システム障害への対応として原因究明やそれに応じた復旧策の考案などが開始されます。

システム障害への対応を迅速に行うため、その監視メッセージがどのシステムや機器から発生しているのか、またどのようなイレギュラーな事象なのかを関係者が容易に理解できるように**監視メッセージの書式をあらかじめ標準化しておく**必要があります。なぜなら、この監視メッセージの巧拙が障害箇所やそれに伴うサービスに与える影響を特定するのに大きく関係するからです。

◉監視メッセージの例

障害検知時刻	システムコード	ノード名	重要度	障害メッセージ	対　応
2022/xx/xx xx:xx:xx	AAA	AAA-WB01	危険	JOB：AA0001 ABENDED (VOLUME FULL)	手順書「AAA-WB##へのVOL追加手順」に従い、ボリュームを追加し、ABENDしたJOBを再実行してください

たとえば障害箇所として、サーバーやネットワーク機器の名称が表示されても、それがどのシステムで使われているかが不明であれば、どのサービスに影響するのかがわかりません。したがって、このような場合、監視メッセージにシステム名称、機器名称に加えて、アラート・アラーム・エラーの別や業務上の重要度、発生事象内容など、表示項目の標準化を行うのが有効です。

もっとも本来、システムと各機器などとの紐付けについては、いわゆる**「構成管理システム」を用いて別途管理しておくべき**ではあります。市販されている構成管理システムの中には、定義した上限値などの管理のみならず、実際の使用率情報などを自動収集して、総合的なリソース管理ができる製品もあります。

(2) 監視の通知後のアクションを促す

たとえば、リソース系の容量オーバー障害の場合、対策としてそれ以降のデータをいったん保留（一時的に別の場所に保存）して当日は処理対象外とする、あるいは短時間で作業できるならば臨時作業でリソースを増強し、それから障害となった処理を再実行するなどが考えられます。

このような対応が決まっている場合には、監視メッセージにシステムや機器の名称などに加え、**対策となる作業手順書番号などを表示すること**が考えられます。この監視メッセージと作業手順書番号などの紐付けが明確で人間の判断が不要であり、さらにその作業手順が運用者のコマンド投入である場合は、監視メッセージと連動させて、そのコマンドを自動実行することを検討します。前ページの例でいうと、手順書の内容および「ABEND（異常終了）したJOBの再実行」が運用者のコマンド投入である場合、監視メッセージをトリガーにしてそれらのコマンドを順次自動的に実行するイメージです。

「容量がオーバーしそうだ（アラーム）」「容量がオーバーした（エラー）」と事実を正確に伝達することも当然重要なのですが、監視とその通知は、何か対応が必要だからこそ行われるものであり、その後に何らかのアクションがなければ運用担当などを困惑させるだけです。「気がかりだから」「念のため」といった理由で、**その後のアクションがイメージできない監視を設定してはいけません。**

また、検知後のアクションを事前に決められない場合は、少しでもシステム障害への対応に寄与できるよう、発生事象内容に解決のヒントとなる情報を表示するように工夫しましょう。

第3章

システム可用性の基礎知識

3-1

システム可用性の基礎

3-1-1　安定稼働に貢献する可用性、信頼性、保守性の対策

1-1-2でITレジリエンスの向上には、インシデントやシステム障害が少ない安定したシステムを目指す必要があると述べました。ここでいうシステム障害とは、下表にあるRASIS（信頼性、可用性、保守性、保全性、機密性）が満たせない状態だと説明しました。この中でシステムの安定稼働に特に関係するのは、**信頼性**、**可用性**、**保守性**の３つです。

◉インシデントとシステム障害（再掲）

<table>
<tr><td rowspan="7">インシデント</td><td colspan="3">・ユーザーが期待するオペレーションやサービスが実行不可能な状態
・利用者がやりたいことが今はできていても、将来できなくなるかもしれない事象（小さな例でいえばプリンターのインク切れなど）</td></tr>
<tr><td rowspan="6">システム障害</td><td colspan="2">システムの停止や誤作動、顧客データの紛失などにより、企業や個人が損失を被るリスクが顕在化した状態
※下記頭文字の「RASIS」（ラシス）を満たせない状態</td></tr>
<tr><td>Reliability
（信頼性）</td><td>・故障や障害、不具合の起こりにくさ
・機器やシステムが故障するまでの平均時間（MTBF：Mean Time Between Failures）で表すことが多い</td></tr>
<tr><td>Availability
（可用性）</td><td>システムが継続して稼働できる能力のこと。全時間に対する稼働時間の割合の指標（稼働率）で表すことが多い</td></tr>
<tr><td>Serviceability
（保守性）</td><td>障害復旧や保守のしやすさ。障害発生から復旧までの平均時間（MTTR：Mean Time To Repair）で表すことが多い</td></tr>
<tr><td>Integrity
（保全性）</td><td>過負荷時や障害時のデータの破壊や不整合の起きにくさ</td></tr>
<tr><td>Security
（機密性）</td><td>外部からの侵入・改ざんや機密漏洩の起きにくさ</td></tr>
</table>

信頼性とは、故障や障害、不具合の起こりにくさを指します。対策としては、稼働時間を長くするために、障害が起きにくい高品質の製品・部品を採用したり、開発したプログラム（アプリケーション）に対して入念なテストを行って不具合（バグ）を取り除いたりすることが挙げられます。

可用性は、業務を継続できる能力を指します。対策としては、障害が発生し

てもシステム全体の機能を維持するために、システムを構成する機器・部品、さらには、システムそのものを多重化し、障害を検知したら正常に稼働している待機系の製品・部品に自動で切り替えられるようにすることが挙げられます。

保守性とは、障害復旧作業や保守作業のしやすさを指します。対策としては、修復時間を短くするために、障害機器・部位の切離作業や修復後の組込作業を迅速に行えるように体制や手順書を整備したり、そのような保守作業を自動化したりすることが挙げられます。また、プログラム（アプリケーション）に機能を追加・変更しやすい構成としたり、ソースコードを読みやすくしたりすることも含まれます。

まとめると、システムを安定稼働させるためには、**信頼性の向上により稼働時間を延伸し、可用性の向上により障害が発生してもシステム全体の機能を維持し、保守性の向上により修復時間を短縮することが必要**です。

3-1-2 システム可用性と稼働率の関係

システムが安定稼働することを示す指標として**稼働率**があります。稼働率は、

◉稼働率の計算式（再掲）

$$\text{稼働率} = \frac{\text{MTBF}}{\text{MTBF}+\text{MTTR}} \times 100$$

- MTBF（平均稼働時間）：Mean Time Between Failures
- MTTR（平均復旧時間）：Mean Time To Repair

（無停止システムの例〈停止が年2回の例〉）　24時間×365日＝8,760時間

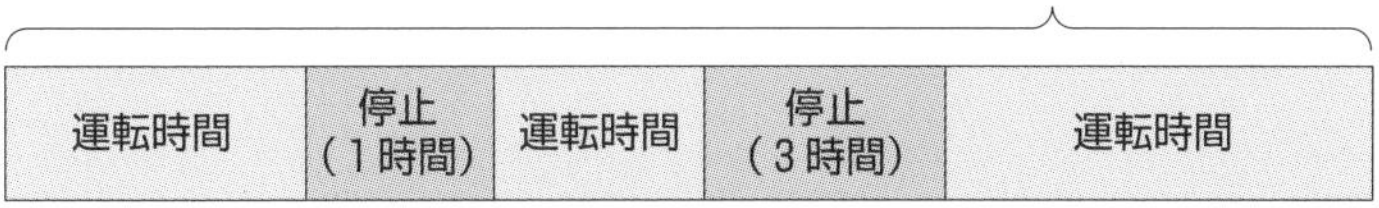

$$\bullet\text{MTBF} = \frac{8{,}760-(1+3)\text{時間}}{2\text{回}} = 4{,}378\text{時間}$$

$$\bullet\text{MTTR} = \frac{1+3\text{時間}}{2\text{回}} = 2\text{時間}$$

$$\bullet\text{稼働率} = \frac{4{,}378\text{時間}}{4{,}378+2\text{時間}} = 99.954\%$$

可用性の指標としても用いられ、前ページの図の計算式で求められます。稼働率を高くするためには、MTBF（平均稼働時間）を長くし、MTTR（平均復旧時間）を短くしなければならないことが、この計算式からわかります。MTBFを長くするためには、故障や障害、不具合が発生しないように信頼性の向上策を講じ、MTTRを短くするためには、障害復旧や保守がしやすくなるように保守性の向上策を講じます。

では、可用性の向上策は、稼働率に対してどのような効果を与えるのでしょうか。

主要な可用性の向上策として、予備のシステムやハードウェアなどを配備・運用する**冗長化**があります（詳細は3-2で解説）。たとえば稼働率99.9％の機器を単独で稼働させた場合、それが単一障害点（Single Point of Failure）となっていると、そこが障害となった場合に業務も停止してしまいます。しかし、冗長化した場合には、一方が故障などで停止していても他方が稼働していれば、業務を提供できます。

◉冗長化による稼働率向上の効果

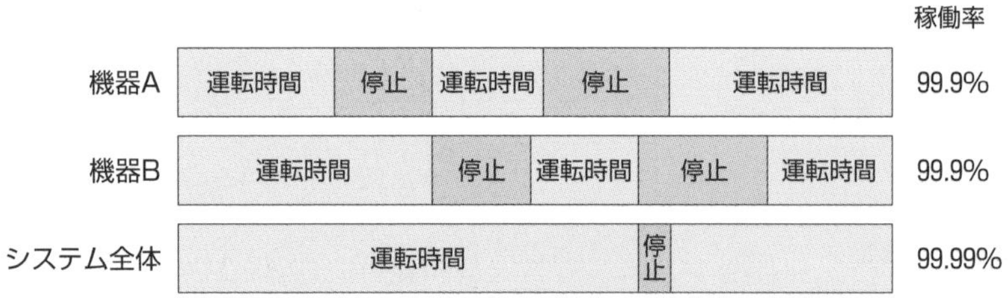

このときのシステム全体の稼働率は、「**100％－（冗長化構成した機器全体の故障率［％］）**」で算出できます。「冗長化構成した機器全体の故障率」は、各機器の故障率（100％－稼働率［％］）の積で示されます。

上図におけるシステム全体の稼働率は、次のように算出できます。

「冗長化構成した機器全体の故障率」＝機器Aの故障率（0.1％）×機器Bの故障率（0.1％）＝0.01％
「システム全体の稼働率」＝100％－0.01％＝99.99％

稼働率99.99%の停止時間は、24時間365日稼働の場合、年間で52.56分（1年＝31,536,000秒、31,536,000×（100%－稼働率（99.99%））＝3,153.6秒＝52.56分）に相当します。この稼働率99.9%の機器を単独で24時間365日稼働させた場合の停止時間は、年間で8.76時間（31,536,000×（100%－稼働率（99.9%））＝31,536秒＝8.76時間）に相当するので、業務提供可能な時間は、稼働率99.99%のほうがおよそ8時間も長くなります。

このように機器・システムを冗長化することで、単独で稼働するときよりも稼働率を向上させることができます。信頼性、可用性、保守性の個々へのアプローチではどれだけ対策しても、稼働率はなかなか100%とはなりません。効果的となるように組み合わせて対策することが重要です。

Column

可用性が向上するインフラのコード化（疑似ソフトウェア化）

2000年代前半、「Infrastructure as Code」という考え方が出現しました。

それまで、ネットワークやサーバー、その上のOS・ミドルウェアの導入においては、導入時に利用する機能を選んだり、各種設定値（パラメータ）を編集したりしており、それらはほぼ手作業で行われていました。しかも、それを開発環境でテストした後、本番環境で同じ手順で作業していました。

プログラム（アプリケーション）は開発環境でテストした後、それを本番環境にコピーする（置換する）手法であるのに対して、インフラでは、テストした環境全体をコピーすることは再構築と同様となり、保守作業として与えられた時間の中では現実的でありません。このため、変更箇所を手作業で変更する方法が一般的でした。しかし、手作業である以上、人為的な作業ミスや確認漏れなどが発生し、システム障害となってしまうことがありました。

そこでインフラの構築作業をプログラム（アプリケーション）と同様にコードとして表すInfrastructure as Codeという考え方やそのツールなどが登場しました。一度コード化すれば、何度でも同じインフラ構築を再現できるため、作業ミスの防止やインフラの品質向上が見込めます。

これにより、インフラ構築の保守性が格段に向上しました。またシステム障害の対応時も、範囲や規模によってはこの手法による再構築が可能となり、復旧時間の短縮が可能になっています。

3-2
冗長化の基礎

3-2-1 冗長化対策とその効果

前節で冗長化とは、システム障害が発生してもシステム全体の機能を維持し続けられるように、予備のシステムやハードウェアなどを配備・運用することと述べました。予備として配備されたシステムやハードウェアは、切り替えられたときにいつでも稼働できる状態となっている必要があるため、**定期的な確認**を行い、必要に応じて**障害訓練による切替手順の確認**が必要です。

冗長化は、物理的な装置や機器に始まり、システムに至るまで、あらゆるものが対象となります。

◉システムの構成要素における主要な冗長化対策

冗長化対象	主な冗長化対策
システム	災害発生時用の代替システム
サーバー	サーバーのクラスタ化（3-2-2で解説）
ストレージ	ストレージ機器の二重化、ディスクの冗長化
構内ネットワーク	ネットワーク機器の二重化、ネットワークポートの二重化
回線	複数社での回線契約
電源	発電装置が異なる複数系統の電源配備と給電

すべてを冗長化することでシステムの稼働率が向上しますが、その分システムの維持費用も高くなります。そのため、システムの利用目的やシステムが停止したときの影響を見極めて、選択する必要があります。たとえば、ECサイトのように利用者が直接商品を購入するようなシステムでは、システム停止が売上の低下やレピュテーションの低下につながるおそれがあります。このため、システムの稼働率を100%に近付けることを目標に、あらゆる機器や装置に対して対策をするのが一般的です。一方で、社内システムでは、システムが停止しても別の方法で業務を継続するように調整しやすいため、ECサイトと同様の冗長化対策は過剰となります。

◉サーバー冗長化の構成例

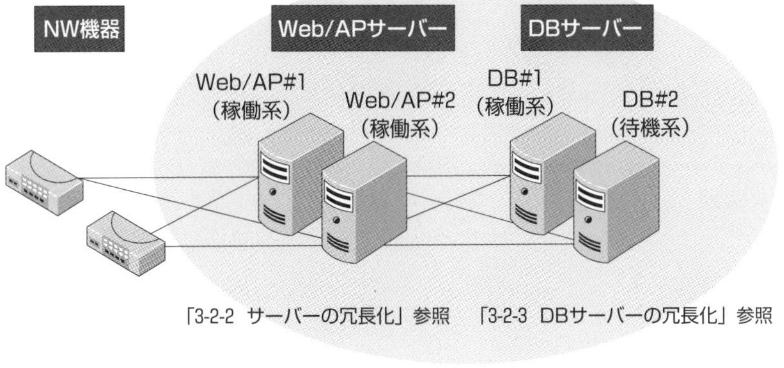

さまざまなシステム構成要素の中では、利用者へサービスや機能を提供する役割を担うサーバーに対して、**冗長化の対策を検討する頻度が高い**です。そこで、まずは3-2-2でサーバーの全般的な冗長化対策について解説し、次に3-2-3で絶対失うことができないデータを管理するDBサーバーの冗長化対策について解説します。

Column

長い歴史を持つディスクの冗長化技術(RAID)

ハードディスクやSSDを冗長化する主要な技術として「RAID (Redundant Array of Independent Disk、レイド)」があります。1988年にカリフォルニア大学バークレー校で提唱されました。RAIDには、ディスクの構成によりいくつかのレベルがあり、よく利用されているのは、RAID1、RAID1+0 (RAID10)、RAID5、RAID6 です。

◉よく利用されるRAIDの構成例

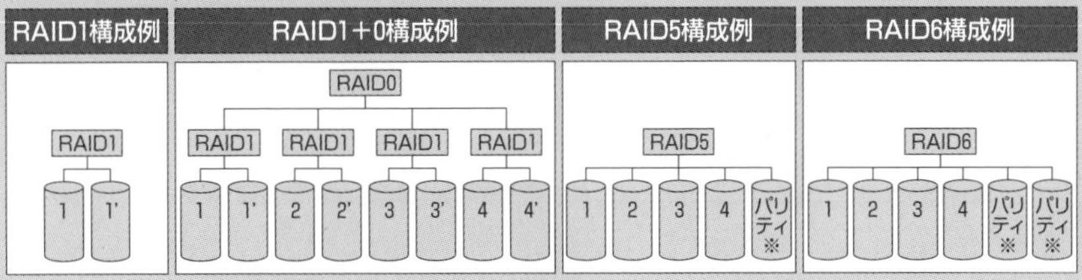

※パリティデータは、実際には各ディスクに分散して書き込む

RAID1（ミラーリング）は、同じデータを2つのディスクに書き込んで耐障害性を高めた仕組みです。物理サーバーに内蔵するディスクによく利用される構成です。また、RAID1+0（RAID10）はRAID1で構成したディスクに対し、データを分割して書き込むRAID0（ストライピング）を組み合わせた仕組みです。高速であり耐障害性も高いですが、費用が高くなるため、クリティカルな業務のデータを格納するストレージによく利用されています。

RAID5は、分割したデータを複数のディスクに書き込み、さらにデータを復元するためのパリティ（消失訂正情報）を計算し、別のディスクに書き込みます。これにより、1つのディスクが故障してもデータを復旧できます。耐障害性、性能はRAID1+0よりも劣りますが、本番運用にも対応できます。また、RAID1+0よりも費用が低く抑えられるため、クリティカルではない業務のデータを格納するストレージによく利用されています。

RAID6は、RAID5のパリティデータを二重化した仕組みであり、2つのディスクが同時に故障したとしても、データを復旧できます。RAID5よりも耐障害性が高いですが、性能が低くなり費用も高くなるため、バックアップデータのストレージに利用されています。

3-2-2 サーバーの冗長化

(1) サーバーの冗長化における種類と仕組み

サーバーの冗長化にはいくつかの種類があり、**それぞれの特性を把握した上でシステムに求められる可用性に見合った構成を選択すること**が望ましいです。

昨今のサーバーの冗長化対策としては、問題なく待機系が稼働できることを通常時に確認することが難しいコールドスタンバイや、常にデータやプログラム（アプリケーション）などを同期するために運用の手間がかかるホットスタンバイを選択することは少なく、クラスタ構成を採用することが一般的です。

◉サーバーの冗長化に用いられる方法

コールドスタンバイ	• 同じ構成のシステムを２系統用意し、片方（稼働系・主系）を動作させ、もう片方（待機系・副系・予備系）を停止させておく • 稼働系に障害が発生すると待機系を立ち上げ、処理を切り替える
ホットスタンバイ	• 同じ構成のシステムを２系統用意し両系統とも動作させるが、通常時は稼働系だけで処理を実行する • 待機系は常に稼働系と同期させておき、障害時に即座に切り替える
クラスタ（Cluster）	• 複数の機器を連結し、全体で１系統のシステムを構成する（クラスタとは、房、塊、群れなどの意） • １台が障害などで停止してもシステム全体が止まることはなく、処理を続行したまま修理や交換が行える • HAクラスタと負荷分散クラスタに分類できる
HAクラスタ	障害時に稼働系から待機系へ切り替わるもの。Active/Standby構成やフェイルオーバー型クラスタともいう
負荷分散クラスタ	• 複数の機器で処理を分散し、１台の機器の負荷を下げ、全体の処理性能を向上させるもの。Active/Active構成ともいう • １台の機器が故障した場合は、残りの機器が処理を肩代わりする

◉サーバーの冗長化の仕組み

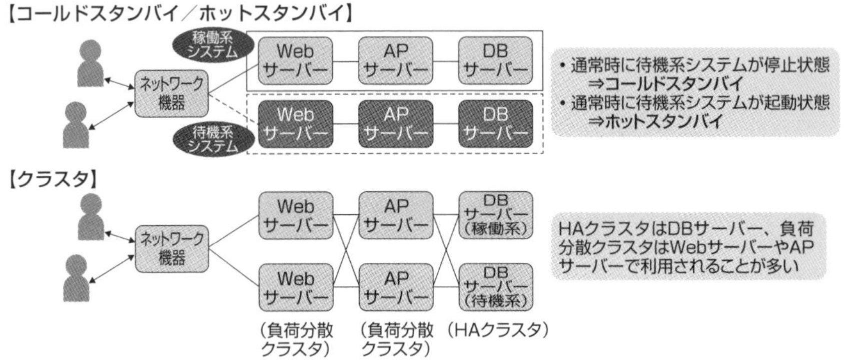

⑵ クラスタ構成の特徴

クラスタ構成のシステムは１台がハードウェア障害などで停止しても、システム全体が停止せずに業務を提供できます。また、業務を提供しながら障害の復旧を進めることも可能です。

クラスタ構成は、①**HA（High Availability）クラスタ**と②**負荷分散クラスタ**の２つに分類できます。

①HAクラスタの特徴

HAクラスタは、通常時に業務を提供する稼働系のサーバーと、稼働系のサーバーで業務が提供できないときに代わりに業務を提供する待機系のサーバーで構成されています。稼働系と待機系で構成することからActive/Standby構成と呼ばれたり、システム障害時に稼働系から待機系へ切り替わる（フェイルオーバー）ことからフェイルオーバー型クラスタと呼ばれたりもします。

HAクラスタで構成するためには、HAクラスタ構成を管理、制御するソフトウェアである**クラスタリングソフトをサーバーに導入すること**が一般的です。稼働系の障害時には、クラスタリングソフトのフェイルオーバー機能により自動的に待機系へ切り替わります。HAクラスタは、小規模のWeb/APサーバーやDBサーバーなどに汎用的に採用されています。

HAクラスタにおける障害の検知から待機系への切替までの基本的な流れは下図の通りです。

◉HAクラスタにおける障害対応の流れ

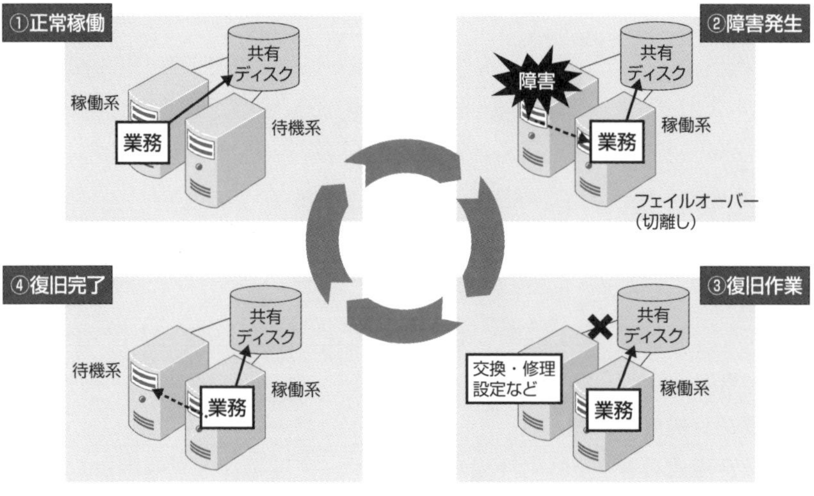

1）クラスタリングソフトによる障害の検知

クラスタリングソフトは、稼働系と待機系で発生する電源異常やサーバーのハードウェア障害、OSやミドルウェアの停止に至る障害、ハートビートの不通などを監視しています。

2）クラスタリングソフトによる待機系への自動切替

クラスタリングソフトが障害を検知した後に、業務を受け付けるIPアドレス、共有ディスクに格納されたデータ、ミドルウェアやアプリケーションなどを稼働系から待機系へ引き継ぎ、待機系で処理を再開できる状態にします。

●HAクラスタにおける障害の検知から待機系への切替

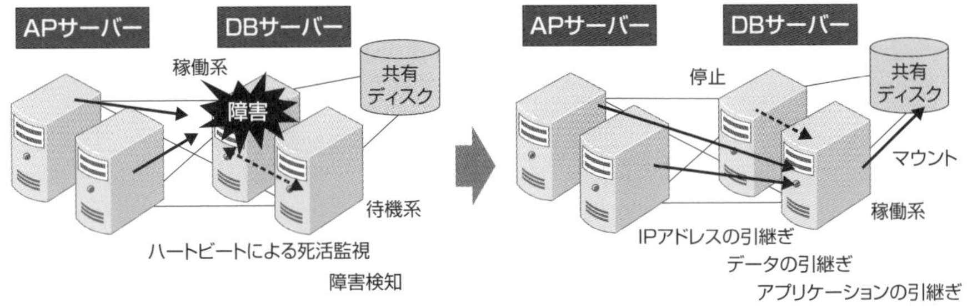

稼働系から待機系に切り替わった後には、**速やかにデータの復旧や異常終了したアプリケーションの再実行をしなければなりません**。特にデータに関しては、データの欠損、不正などが発生している可能性があるので、アプリケーションの再実行前に復旧できていることが理想です。

また、故障した稼働系のサーバーは、システムから切り離されるので、業務を提供していても安全に復旧できます。このため、計画的に復旧できますが、さらなる故障に備えて、可能な限り速やかに復旧しなければなりません。

②負荷分散クラスタの特徴

負荷分散クラスタは、負荷分散装置によりサーバーへの処理要求を分散させる構成です。構成するサーバーがすべて稼働系であることから、Active/Active構成とも呼ばれます。

負荷分散クラスタで構成するサーバーは、どのサーバーで処理をしても処理性能を一定とするため、ITリソース（CPU数、メモリ量、ディスク容量）をそろえることが一般的です。これに伴い、**負荷分散装置が各サーバーに振り分ける処理数も同一にする**必要があります。また、各サーバーの負荷が高くなった場合には、同じITリソースを持つサーバーを追加することで、容易に拡張ができます。負荷分散クラスタはWeb/APサーバーによく採用されています。

◉負荷分散クラスタの構成例

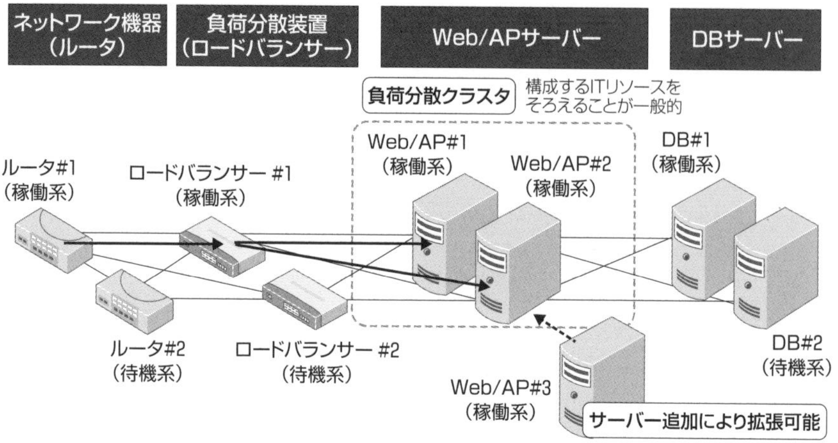

負荷分散クラスタで構成するサーバーの1台が故障した場合は、**負荷分散装置が故障したサーバーを切り離します**。切り離している間は、残りのサーバーが処理を肩代わりするので、システム全体が処理できる量が減少します。このため、**システムが提供する業務の正常性を確認するとともに、稼働中のサーバーが処理できる量を超えていないか、といった監視を強化すること**が重要です。

◉負荷分散クラスタにおける障害対応の流れ

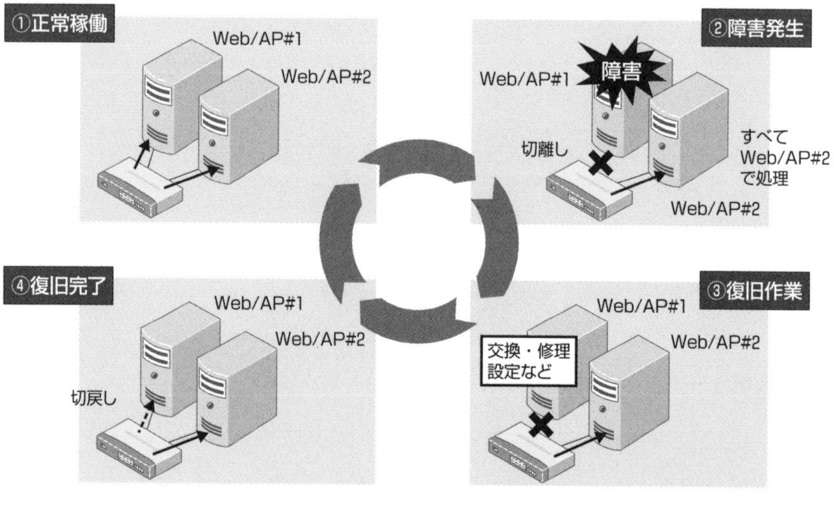

　なお、故障したサーバーが切り離されている間に稼働している残りのサーバーの台数によっては、サーバーが処理をしきれずに業務の継続が困難となる場合があります。この場合には、システム全体を一度停止した後に復旧するほうが安全です。障害発生時に業務の継続可否を検討し始めると判断に時間がかかり、被害が拡大することがあるので、たとえば、サーバー3台中1台の停止なら業務を継続、サーバー3台中2台が停止したら業務を停止する、といったように、設計時に取り決めておくと良いでしょう。

3-2-3 DBサーバーの冗長化

　DBサーバーに対しては、データベースに格納されたデータの一貫性を保つために、サーバーとディスクをセットにした冗長化対策が必要です。

　DBサーバーの冗長化には、**シェアードエブリシング**と**シェアードナッシング**があります。どちらもActive/Active構成ですが、それぞれ次の特徴があります。

(1) シェアードエブリシングの特徴

・複数のノード（サーバー）が1つのデータベースを共有する
・ノード間で処理を負荷分散することにより処理能力を高める

◉シェアードエブリシングの特徴と障害時の挙動

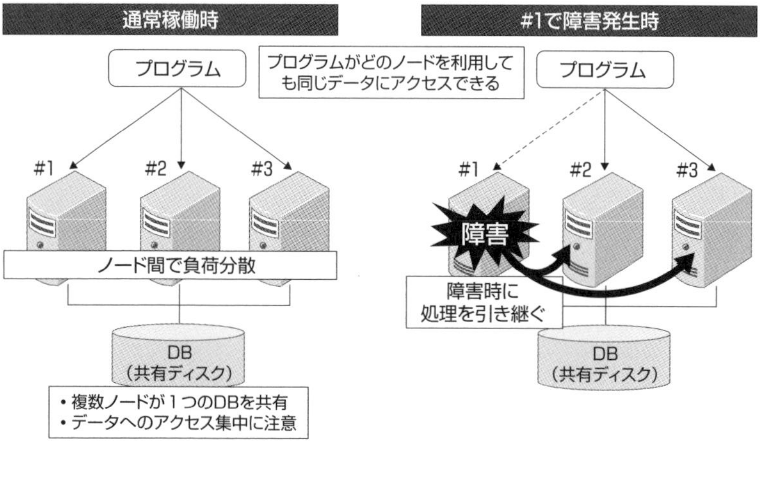

・処理能力のさらなる向上には、ノードのITリソースを追加する方法とノードを追加する方法が選択できる
・ノードを追加する場合には、データベースへのアクセスが集中して処理が競合する場合があるため、処理能力に一定の限界がある
・ノード障害発生時にはフェイルオーバーで処理を引き継ぐことで停止時間を最小限にする
・データベースの整合性を保ちながら負荷を分散できるため、基幹系システムで利用するデータベースに多く採用されている

(2) シェアードナッシングの特徴

・ノード（サーバー）ごとに分割されたデータベース（分散データベース）を持つ
・複数のノードに処理を分散して並列で動かすことにより、処理能力を高めることができ、追加したノードに比例して性能が向上する
・ノード障害が発生するとそのノードが持つ分散データベースにアクセスできなくなってしまうため、定点でデータを同期するなどの工夫が必要
・大量データを高速で処理するため、情報分析系システムで利用するデータベースに多く採用されている

◉シェアードナッシングの特徴と障害時の挙動

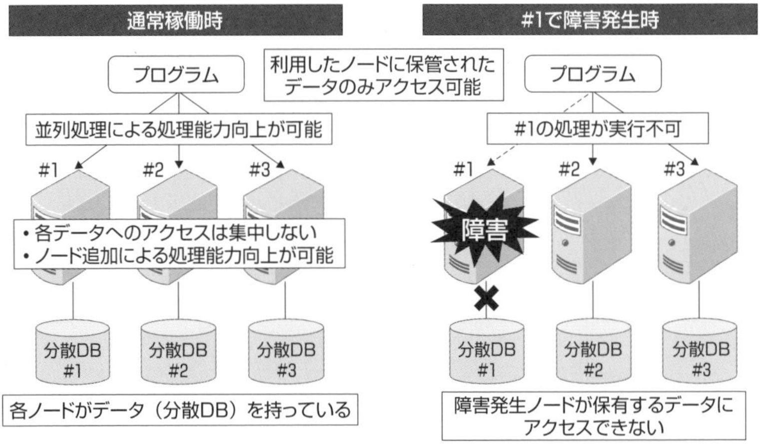

3-3 保守に関わる基礎

3-3-1 保守作業の基礎

システムを安定稼働させるためには、**定型作業**、**非定型作業**、**障害対応**など、さまざまな保守作業が必要となります。たとえば、下表のようなものです。

◉システム安定稼働に必要な保守作業の例

定型作業	• 年次でソフトウェアライセンスを更新する • 年次で障害訓練を行う
非定型作業	• OSやソフトウェアにパッチを適用する • CPUやメモリなどのITリソースを拡張する
障害対応	• アプリケーションの不具合を改修する • 故障した機器を交換する

これらの保守作業を安全に行うためには、**どれだけの非定型作業や障害対応を想定できるか**が鍵となります。設計時に想定し得る非定型作業や障害対応を列挙し、その作業が業務を停止する必要があるかを見極め、滞りなく安全に作業できるように準備することが重要です。

ここからは、業務を停止することなく保守作業ができるローリングメンテナンスと、代表的な保守内容であるITリソース拡張について取り上げます。

3-3-2 冗長化構成を活かしたメンテナンス方式

可用性を高めるために冗長化していても、保守するたびに業務を停止していては、「可用性が高いシステム」にはなりません。冗長化構成を活かしたメンテナンス方法である**ローリングメンテナンス**により、業務を停止することなく保守することが可能となります。

(1) ローリングメンテナンスの方法と注意点

たとえば、次ページの図では、１台のWebサーバーで業務を提供しながら、残りの１台を業務から切り離してメンテナンスしています。このように、ローリングメンテナンスでは、サーバーを一斉に止めずに、**業務を提供するサーバーとメンテナンスするサーバーを入れ替えながら、順番にメンテナンスしていきます**。

◉業務を継続するメンテナンス方法（ローリングメンテナンス方式）

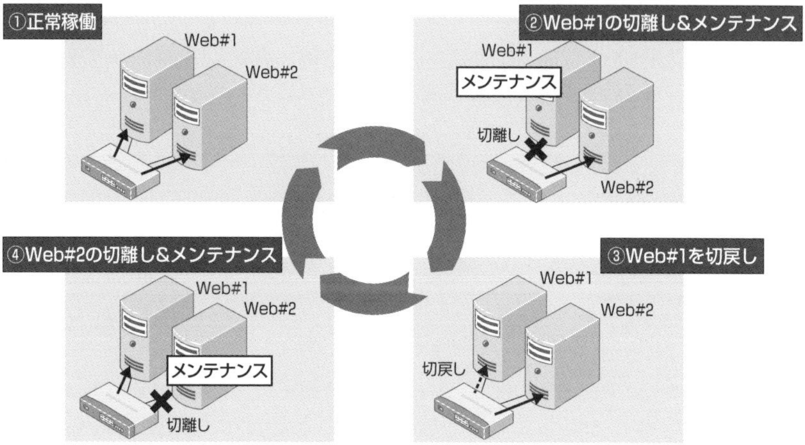

ローリングメンテナンスで注意すべき点があります。上図の「Web#1」を切り戻した状態では、「Web#1」はメンテナンスが終了し、「Web#2」はまだメンテナンスしていない状態です。このように、ローリングメンテナンスでは、**メンテナンス前後のサーバーが混在して稼働する場面**があります。たとえば、新旧バージョンのアプリケーションが並行して動くと不都合が生じたり、クラスタリングソフトが異常終了し、サーバーのクラスタ構成が解除されたりする場合が考えられます。そのため、メンテナンス前後のサーバーが混在して稼働しても問題ないかを事前に見極めてからローリングメンテナンスを採用するようにしましょう。

(2) メンテナンス用に代行環境を用意する

メンテナンス前後のサーバーが混在しないようにして、かつ、できるだけ業務を停止せずにメンテナンスしたい場合には、**メンテナンスの間、業務を代行する環境を用意しておくこと**も効果的です。メンテナンス中は本番環境から代行環境にアクセス経路を切り替えて業務を提供し、メンテナンス終了後にアクセス経路を戻して本番環境で業務を提供する方式です。

ただし、本番環境と代行環境の2種類の環境を運用することから、維持費用が高いシステムとなります。維持費用を抑えるために、代行環境は本番環境より機能を少なくしたり、冗長化せずシングル構成のシステムにしたりすることがあります。また、本番環境から代行環境へデータを同期するような個別の処理も必要です。代行環境の要否は、費用対効果を考慮して検討する必要があります。

◉業務を継続するメンテナンス方法（代行環境の利用）

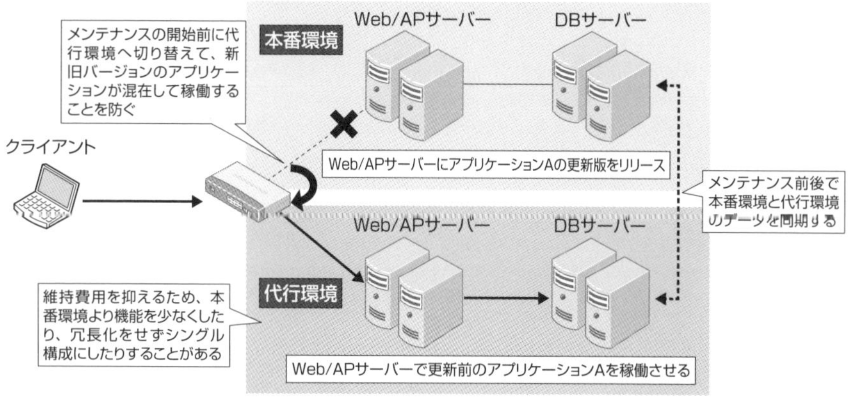

3-3-3 ITリソースの拡張方式

システムを運用していくと、アクセス数やデータ量の増加などにより、CPUやメモリといった**ITリソースが不足する**ことがあります。ITリソース不足は、レスポンスの悪化や業務停止を引き起こす可能性があるため、不足する前にITリソースを拡張する必要があります。

(1) スケールアウトとスケールアップの特徴

ITリソースを拡張する方式には、**スケールアウト**と**スケールアップ**の2つの方式があります。スケールアウトとは、サーバー台数を増やすことにより、システム全体のITリソースを拡張する方式です。一方、スケールアップとは、1台当たりのサーバーのITリソースを増強することにより、システム全体のITリソースを拡張する方式です。それぞれの特徴を踏まえて、どちらの拡張方式を採用するかを、あらかじめ設計しておくことが大切です。

◉スケールアウトとスケールアップの特徴比較

特　徴	スケールアウト	スケールアップ
拡張方式	サーバー台数を増やしてシステム全体のITリソースを拡張する	CPUやメモリといったサーバーのITリソースを増強してシステム全体のITリソースを拡張する
費用面	ハードウェア費、ソフトウェア費、運用管理費などが増大する	ハードウェア費・ソフトウェア費は増大することが多く、運用管理費は大きく変わらない
拡張サイズの上限	拡張サイズにハードウェアの制約はない	ハードウェアの制約により、必要なサイズまで拡張できないことがある
拡張作業時の業務停止	拡張作業時の業務影響がゼロ〜数分と短いことが多く、業務を継続したまま作業することがある	拡張作業時に数十分〜数時間の業務停止が必要となることが多い
その他注意点	HAクラスタ構成など、サーバー構成によっては採用できない場合がある	増強したITリソースをOSやソフトウェアが有効利用できず、拡張後にチューニングが必要となる場合がある

以下にスケールアウトとスケールアップの例を挙げます。

◉スケールアウト、スケールアップの例

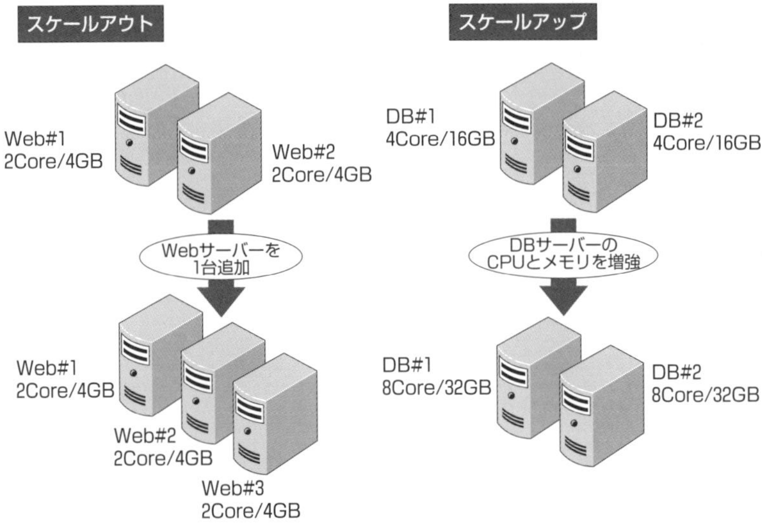

⑵ スケールアウトの留意点

急なITリソース不足にスケールアウトで対応した場合は、すぐには効果が出ない場合があるので注意が必要です。Webシステムにおいては、複数のWebページにまたがって一連の処理を実行する際に、ログインからログアウトまでを同じサーバーで処理するようなアプリケーションにする場合があります。このようなシステムでスケールアウトによりサーバーを追加した場合、一連の処理の途中から追加したサーバーに処理を振り分けることができません。サーバーを追加した以降に新たにログインした処理から、追加したサーバーへ処理が振り分けられます。

各サーバーの処理量が完全に平準化されるには、スケールアウト中に実行していた処理がすべてログアウトする必要があるため、**しばらく振り分けの状況を見守る必要があります**。

◉一連の処理中にスケールアウトした後の挙動

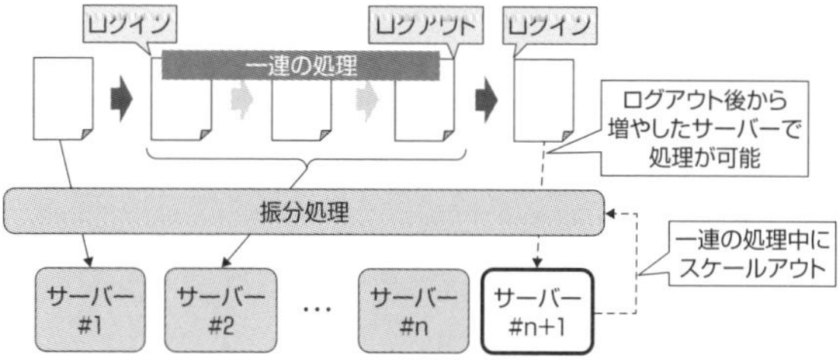

⑶ 自動で行われるスケールアウト、スケールアップ（オートスケール）

近年利用が拡大しているクラウドサービスでは、自動でサーバーの台数やサーバーのITリソースを増減させる**オートスケール機能**が提供されています。サーバーの台数を減らすことをスケールイン、サーバーのITリソースを減らすことをスケールダウンと呼びます。オートスケール機能は、サーバーの負荷のしきい値をあらかじめ設定して、しきい値を超えた場合に、自動的にITリソースを増減させることができます。たとえば、CPU使用率が10分間80％を超えたら、自動でサーバーを増加する、もしくはCPUを増強するなどです。

従来はピーク時の負荷を想定してITリソースを用意する必要がありましたが、自動で拡張や縮小ができれば、負荷の低い夜間帯は２台で運用し、高負荷な日中帯は４台に増やすといった効率の良い柔軟な運用が可能となります。

3-4

仮想化の基礎

3-4-1　仮想化の特徴とその効果

個々のシステムを冗長化した場合には、ITリソースに無駄が生じ、運用管理の負担が大きく、費用が高くなるという課題が発生します。これを解決するためには、システムの「**仮想化**」により集約、統合することが効果的です。

ここからは、仮想化の特徴と効果、主な仮想化技術について解説します。

(1)　仮想化方式と期待できる効果

システムにおける「仮想化」とは、システムを構成するハードウェアを隠蔽して、論理的なシステムを構築する技術を指します。仮想化できるハードウェアは、サーバー、ストレージ、ネットワークと範囲を広げているので、データセンター全体を仮想化できるようになっているといえます。

サーバー、ストレージ、ネットワークが持つ機能の違いから方式は異なりますが、主な仮想化方式と期待効果は次ページの表の通りです。

たとえばサーバーでは、仮想サーバーが稼働している物理サーバーで障害が発生した場合、他の物理サーバーへ仮想サーバーを移動するライブマイグレーション機能により可用性を高めることができます。また、日中に負荷の高いオンライン処理用サーバーと夜間に負荷の高いバッチ用サーバーを仮想化して統合することで、2台必要であった物理サーバーを1台に削減でき、コスト低減につながります。

サーバー、ストレージ、ネットワークが持つ機能の違いから、仮想化方式は異なりますが、いずれも**可用性を高める効果**が期待できます。

●主な仮想化方式と期待できる効果

対　象	主な仮想化方式	主な効果
サーバー	1台の物理サーバーのリソースを分割して、複数の仮想サーバーを作成	・ある物理サーバーで障害が発生した場合に、他の物理サーバーへ仮想サーバーを移動できる ・物理サーバーが削減され、コスト低減につながる
ストレージ	物理ディスクを統合あるいは分割して、論理的なディスクとして使用	・物理ディスクを統合することで、より多くのデータを格納できる ・物理ディスクを冗長化することで、1つのディスクで障害が発生しても、データが消失しない
ネットワーク	物理ネットワークを統合あるいは分割して、論理的なネットワークとして使用	・物理ネットワークを統合することで、より大きなネットワーク帯域にできる ・物理ネットワークを論理的に分割することで、物理ネットワークの集約が可能となり、コスト削減につながる

⑵　仮想化の特徴

仮想化の効果は、可用性を高める以外でも、ITリソースの利用効率の向上やシステム運用負荷の軽減など、さまざまなメリットが期待できます。しかし、デメリットも存在するので、しっかりと把握し対策することが重要です。

仮想化にどのようなメリットとデメリットがあるかをまとめたのが下表です。なお、仮想化は、システムの集約、統合効果によりシステムが消費する電力を削減できることから、昨今では**グリーンIT**と呼ばれる環境負荷を軽減するIT技術のひとつとして注目されています。

●仮想化のメリット、デメリット

対　象	メリット	デメリット
ITリソース	ITリソースの利用効率向上	物理構成のシステムと比較して処理性能が低下する可能性
運用管理	システム運用、ITリソース管理の負担軽減	仮想化環境を運用、管理するための知識と技術が必要
保守作業	開発環境の早期構築、本番環境の緊急時拡張が容易	ハードウェアや仮想化ソフトウェアのメンテナンス時に影響を受ける対象が増加
ソフトウェアライセンス	ライフサイクルギャップへの対処（旧OS環境を最新ハードウェアで稼働するなど）	ソフトウェアライセンスの種類や数量が変わる可能性
障害、BCP	災害対策への貢献（DRサイト構築が相対的に容易）	ハードウェアの障害で被害が拡大
グリーンIT	グリーンIT実現への貢献（電力の削減）	電源障害、空調障害の被害が拡大

(3) あらゆるハードウェアの仮想化技術

データセンター内でシステムを構成するさまざまなハードウェアは、仮想化することが可能です。どのような仮想化技術があるか、下表に示します。

◉各ハードウェアの仮想化技術の例

ハードウェア	仮想化対象	主な仮想化技術
サーバー	OS（ホストOS）	ホストOS型（3-4-2参照）、コンテナ型（3-4-2参照）
	ハードウェア	ハイパーバイザー型（3-4-2参照）
ストレージ	ボリューム容量	シンプロビジョニング（3-4-3参照）
	物理ディスク	RAID、ストレージプール（3-4-3参照）
ネットワーク	ネットワーク設定	SDN（3-4-4参照）、SD-WAN（3-4-4参照）
	ネットワーク機能	NFV（3-4-4参照）
	ネットワークポート	VLAN（3-4-4参照）
	ネットワーク経路	VPN（3-4-4参照）

上表以外にも多数の仮想化技術があります。また、仮想化技術を他の領域に応用して、新たな仮想化技術が生み出されることもあります。たとえば、NFV（3-4-4参照）はサーバーの仮想化技術をネットワークに応用したものです。

より理解を深めるために、次項では、サーバー、ストレージ、ネットワークにおける主要な仮想化技術を個別に解説していきます。

3-4-2　サーバーの仮想化技術

サーバーの仮想化には、**ホストOS型**、**ハイパーバイザー型**、**コンテナ型**の3つの方法があります。その違いは、「どの階層で何を仮想化しているか」にあります。

ホストOSは物理的なコンピュータ（ハードウェア）に導入するOSを指し、ゲストOSは仮想化ソフトウェアにより作り出された仮想的なコンピュータ（仮想マシン）に導入するOSを指します。また、ハイパーバイザーは、ハードウェアに直接導入する仮想化ソフトウェアを指します。

◉サーバーの仮想化技術における構成の比較

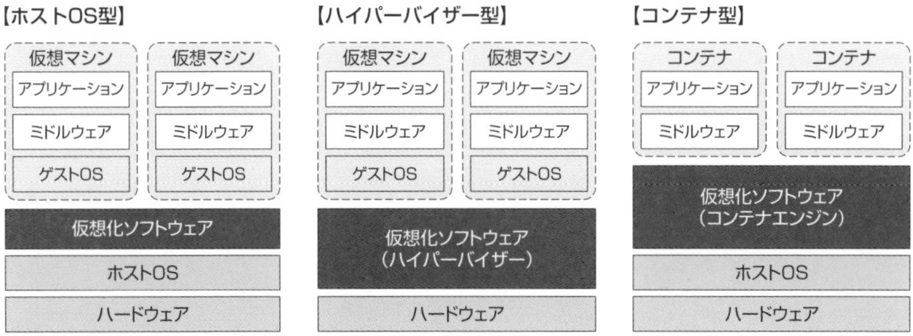

◉サーバーの仮想化技術における特徴の比較

仮想化の種類	ホストOS型	ハイパーバイザー型	コンテナ型
仮想化の対象	ホストOS	ハードウェア	ホストOS
ゲストOS	個々の仮想マシンにインストール	個々の仮想マシンにインストール	ホストOSと共有するため導入不要
ホストOS	必要	ハイパーバイザーに包含	必要
メリット	通常のアプリケーション同様、仮想化ソフトウェアを導入できるため、容易に構築できる	ホストOSが不要であり、システム全体の観点から見てITリソースの使用効率が良い	ゲストOSが不要であり、CPUやメモリ消費量が少なく、起動時間も短い
デメリット	一般的に動作速度が遅い	ハイパーバイザーに対する専門的な知識や技術が必須	コンテナ技術に対する専門的な知識や技術が必須であり、かつ、アプリケーションがホストOSに依存する
利用ケース	単体テストまで実施する開発環境	開発、本番環境など汎用的に利用可能	開発、本番環境など汎用的に利用可能

(1) ホストOS型仮想化技術の特徴

ホストOS型は、ホストOSに仮想化ソフトウェアを導入して仮想マシンを動かし、その中でゲストOSを起動する方法です。ホストOS型の仮想化ソフトウェアは、通常のアプリケーションと同様にインストールできるため、容易に構築ができます。しかし、仮想化ソフトウェア上で稼働する仮想マシンは、ホストOSを介して処理する分、動作速度が遅くなります。**構築の手軽さ**と**動作速度の遅さ**という特徴から、本番環境では利用せずに開発環境で利用することが多いです。

⑵ ハイパーバイザー型仮想化技術の特徴

ハイパーバイザー型は、ハードウェアに導入したハイパーバイザー上で仮想マシンを動かし、その中でゲストOSを起動する方法です。ハイパーバイザーは、ハードウェアやゲストOSに対する命令を最適化しており、効率的にITリソースを利用します。このため、ハイパーバイザー型の仮想マシンは、ホストOS型と比較すると**動作速度が速い**ため、開発環境だけでなく、本番環境としても十分に利用できます。ただし、ハイパーバイザーの構築、運用には、ハイパーバイザーについての**専門的な知識や技術の習得が必要**となるので、人材教育や要員調達といった対策を検討しましょう。

⑶ コンテナ型仮想化技術の特徴

コンテナ型は、ホストOSに仮想化ソフトウェアであるコンテナ管理ソフトウェアを導入して、その上にコンテナ（3-7-1で解説）と呼ばれるアプリケーションの実行環境を起動する方法です。コンテナは１つのホストOS上で稼働するプロセスなので、**CPUやメモリの消費量が少なく、起動時間も短い**です。また、ハードウェアに対する命令をホストOSが直接処理するため、**ハイパーバイザー型の仮想マシンと比較しても動作速度が速い**です。このため、開発環境や本番環境として、十分に利用できます。マイクロサービス（3-7-2で解説）の普及とともに、コンテナを利用することが増えています。

なお、コンテナの構築、運用には、コンテナについての**専門的な知識や技術の習得が必要となる**ので、ハイパーバイザーと同様に人材教育や要員調達などの対策を検討しましょう。加えて、コンテナ内のアプリケーションはホストOSに依存するので、アプリケーションの移植性と保守性は、事前に確認しましょう。

3-4-3 ストレージの仮想化技術

ストレージの仮想化技術は、ストレージを迅速、かつ柔軟に拡張できるようにすることで、ストレージの容量不足によるサーバーやアプリケーションの停止を低減し、可用性の向上に貢献します。ここでは、ストレージの代表的な仮想化技術である、「ストレージの仮想化」と「ボリューム容量の仮想化」について解説します。

◉主なストレージの仮想化技術

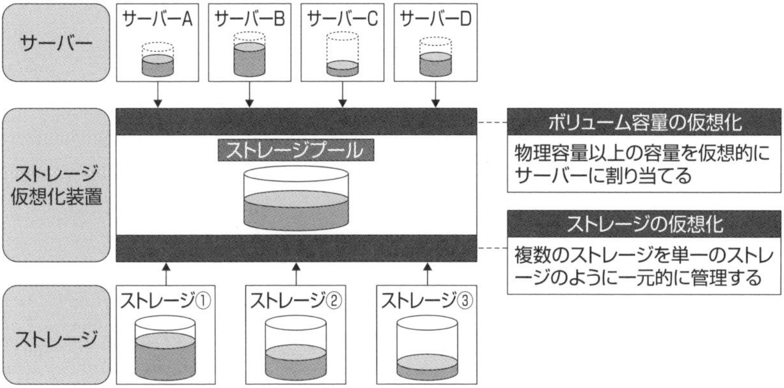

(1) ストレージの仮想化技術の特徴

ストレージの仮想化は、異なるストレージを仮想化により統合し、１つのストレージとして利用可能とする技術です。複数のシステムで個別にストレージを利用していると、ストレージ容量が不足しているシステムと余剰のあるシステムが出てきます。ストレージを仮想化することにより、ストレージの未使用領域が仮想的に統合されるので、**ストレージ容量が不足しているシステムへ未使用領域を配分できます**。

ストレージの仮想化により統合したストレージの領域のことを**ストレージプール**といいます。上図ではストレージ①〜③を統合し、ストレージプールとしています。ストレージプールからサーバーＡ〜Ｄにディスクを払い出します。

(2) ボリューム容量の仮想化技術の特徴

ボリューム容量の仮想化における代表的な技術として、**シンプロビジョニング**があります。シンプロビジョニングは、将来的に必要となる容量を確保したようにサーバー側に見せかけつつも、当面必要となる容量にとどめることを可能にする技術です。

ストレージは、数年先のデータ量を見越して余裕のある容量を確保して調達することが多いですが、実際にはそこまで使用せず、結果として無駄になってしまうことがあります。ストレージのシンプロビジョニング機能を利用することで、実際の利用傾向や使用量を踏まえて当面必要となる容量を調達できるので、ストレージを導入するための初期費用を抑えることができます。

◉シンプロビジョニングの仕組み

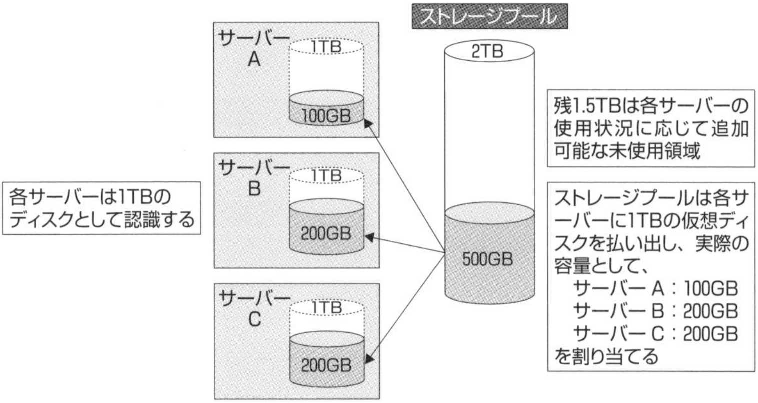

3-4-4 ネットワークの仮想化技術

ネットワークの仮想化は、VLAN*（Virtual Local Area Network）やVPN*（Virtual Private Network）といったネットワークの機密性の向上を目的とした技術が主流でした。昨今では、ネットワークを仮想的に制御する**SDN**（Software Defined Network）や**SD-WAN**（Software Defined Wide Area Network）、ネットワーク機器自体を仮想化する**NFV**（Network Function Virtualization）といった、ネットワークの可用性と保守性の向上を目的とした技術も実用化されています。

ここではSDNとSD-WAN、NFVについて、それぞれ解説していきます。

用語 VLAN（Virtual Local Area Network）

物理的なネットワークを論理的に分割したり、統合してまとめたりすることによって、仮想的なLANセグメントを構成する技術。

用語 VPN（Virtual Private Network）

インターネットなどの一般に公開されたネットワークを利用して、仮想的に閉域ネットワークを構成するための技術。

(1) SDN、SD-WANの特徴

SDNは、ソフトウェアを用いてネットワークを制御する技術です。ネットワーク機器をSDNコントローラーというソフトウェアで一括して制御、管理することで、ネットワークの設定を柔軟に変更できます。また、SDNを発展させて広域ネットワークを仮想化できるようにしたSD-WANがあります。どちらの技術もネットワークの制御にソフトウェアを利用していることから、利用状況や障害発生状況を一元的に確認でき、柔軟で迅速な構成変更ができるので、ネットワーク障害の復旧を早めることができます。

なお、SDNコントローラーやSD-WANコントローラーを導入したサーバーが停止した場合には、ネットワーク全体へ影響を及ぼすことになるので、**冗長化対策**を行う必要があります。SD-WANコントローラーは、サーバーに導入するソフトウェアだけでなくクラウドサービスとしても提供されているので、冗長化対策が難しいならばクラウドサービスの利用を検討しましょう。

●SDNとSD-WANの仕組み

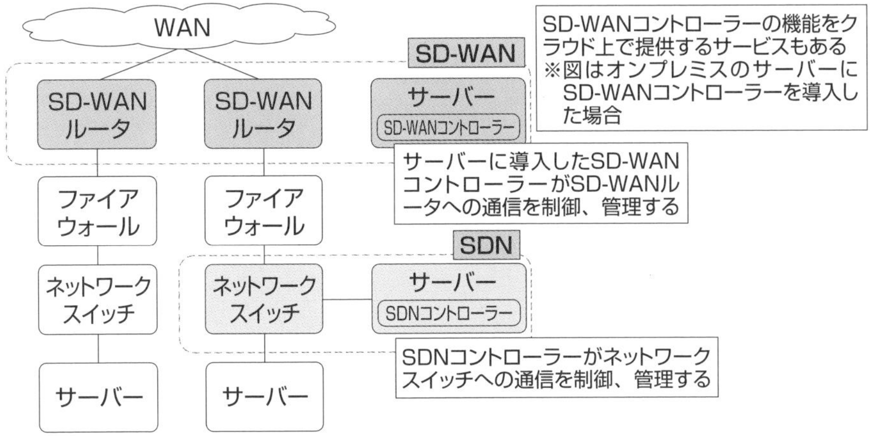

⑵ NFVの特徴

NFVは、ネットワーク機器やセキュリティ機器の機能をソフトウェアにより仮想化する技術であり、欧州電気通信標準化機構（ETSI：European Telecommunications Standards Institute）で策定されました。仮想化される機器、機能には、ルータ、ファイアウォール、ロードバランサー、侵入防御(IPS)、Web脅威対策（不適切と判断したWebサイトをフィルタリングするURLフィルタリング)、アプリケーション制御（不適切と判断したWebアプリケーションへのアクセスをブロック）などがあり、ソフトウェアとして提供されます。

NFVのソフトウェアは、仮想マシンやコンテナで稼働でき、仮想マシンで提供する形態を**VNF**（Virtual Network Functions)、コンテナで提供する形態を**CNF**（Container Network Functions）と呼びます。

NFVを導入すると、**ネットワーク機能を追加する際に、専用のハードウェアを導入する必要はありません**。また、運用・管理費用の削減や消費電力の削減、設置スペースの低減といった効果が見込まれます。

ただし、十分な効果を得るには⑴で解説したSDNと併用する必要があるといった、NFVの専門的な知識が必要となるので、導入前にSIerへ確認してその影響を見極めるようにしてください。

◉NFVの仕組み

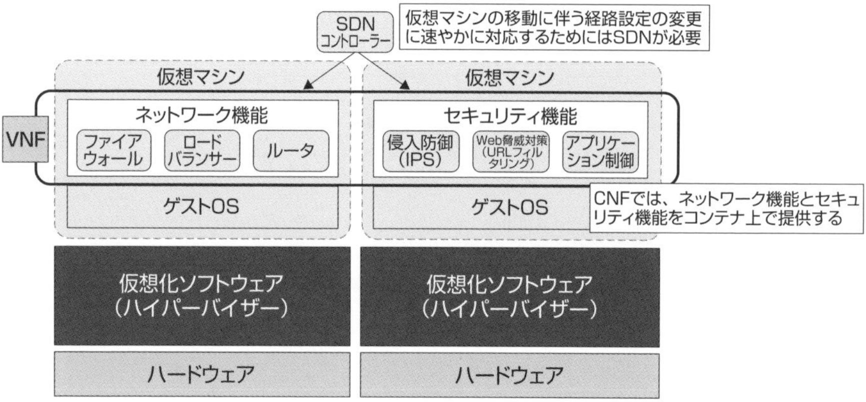

3-5 クラウドの基礎

3-5-1 クラウドの成り立ちとその特徴

昨今、企業や団体などのシステムでは、クラウドの利用が進んでいます。クラウドは、自社向けに構築する「プライベートクラウド」（3-5-2で解説）や広く一般に向けて提供している「パブリッククラウド」（3-5-2で解説）があります。また、クラウドが提供するサービスは、利用形態により「IaaS」、「PaaS」、「SaaS」（いずれも3-5-2で解説）に分類されます。クラウドでシステムを構築するときには、**これらを柔軟に組み合わせること**が重要です。

ここからは、クラウドの基礎知識として、クラウドの基本的な特徴とサービスの提供形態、導入効果、注意点について解説します。

(1) クラウドの成り立ち

「クラウド」は「クラウドコンピューティング」を省略した呼び方であり、過去にネットワークを示していた「雲」の図形が由来となっています。本格的に広まったのは、2006年8月に当時GoogleのCEOであったエリック・シュミット氏が提唱してからといわれています。

米国国立標準技術研究所（NIST）が2011年9月に発表したNIST SP800-145『The NIST Definition of Cloud Computing（日本語訳：クラウドコンピューティングの定義）』では、クラウドコンピューティングを次のように定義しています。

> 共用の構成可能なコンピューティングリソース（ネットワーク、サーバー、ストレージ、アプリケーション、サービス）の集積に、どこからでも、簡便に、必要に応じて、ネットワーク経由でアクセスすることを可能とするモデルであり、最小限の利用手続きまたはサービスプロバイダとのやりとりで速やかに割り当てられ提供されるもの

⑵ クラウドの基本的な特徴

NISTの『クラウドコンピューティングの定義』で示されているクラウドの5つの基本的な特徴は次の通りです。

・オンデマンド・セルフサービス
・幅広いネットワークアクセス
・リソースの共用
・スピーディな拡張性
・サービスが計測可能であること

◉クラウドの基本的な特徴

基本的な特徴	特徴の説明（抜粋）
オンデマンド・セルフサービス（On-demand self-service）	ユーザーは、各サービスの提供者と直接やりとりすることなく、必要に応じ、自動的にサーバーの稼働時間やネットワークストレージのようなコンピューティング能力を一方的に設定できる
幅広いネットワークアクセス（Broad network access）	コンピューティング能力は、インターネットなどの一般的なネットワークを通じて利用可能である
リソースの共用（Resource pooling）	•サービス提供者のコンピューティングリソースは集積され、複数のユーザーにマルチテナントモデルを利用して提供される •ユーザーは一般的に、提供されるリソースの正確な所在地を知ることはできないが、国、地域、データセンターなどといった抽象的なレベルで特定可能である
スピーディな拡張性（Rapid elasticity）	•コンピューティング能力は、伸縮自在に、場合によっては自動で割当ておよび提供が可能で、需要に応じて即座にスケールアウト／スケールインができる •ユーザーにとっては、多くの場合、割当てのために利用可能な能力は無尽蔵で、いつでもどんな量でも調達可能のように見える
サービスが計測可能であること（Measured service）	•サービスの利用状況はモニタリングされ、最適な形でコントロールされて報告される •サービスの利用結果がユーザーにもサービス提供者にも明示できる

出典：NIST SP800-145『クラウドコンピューティングの定義』をもとに著者作成
URL：https://csrc.nist.gov/publications/detail/sp/800-145/final

これらを利用者側の目線で言い換えると、次のようになります。

・必要になったときにいつでも利用できる

- **インターネットに接続するだけで利用できる**
- **ITリソースの実体を意識する必要がない**
- **数年後のキャパシティを考慮したITリソースを所有せずに、必要な分だけ利用し、利用状況に応じて拡張あるいは縮小できる**
- **運用管理系ツールや開発系ツールが整っており、迅速にシステムを構築できる**

3-5-2 クラウドのサービス提供形態

NISTの『クラウドコンピューティングの定義』では、クラウドの3つのサービスモデル、4つの実装モデルを示しています。

(1) クラウドのサービスモデルの定義

クラウドのサービスモデルは、「クラウドサービスの構築に関する役割分担」によって3つに分類されています。

- **IaaS**：イアースまたはアイアース（Infrastructure as a Service）
- **PaaS**：パース（Platform as a Service）
- **SaaS**：サース（Software as a Service）

◉クラウドのサービスモデルの特徴

分類	利用者に提供される機能	ユーザーの設定担当範囲
IaaS	サーバーやストレージ、ネットワークその他の基礎的コンピューティングリソース	OS、ストレージ、実装されたアプリケーションの全設定、および特定のネットワークコンポーネント機器についての限定的な設定
PaaS	クラウドのインフラストラクチャー上にユーザーが実装したアプリケーションを実行できる環境	ユーザーが実装したアプリケーションと、そのアプリケーションを実行する環境の設定
SaaS	クラウドのインフラストラクチャー上で稼働しているプロバイダー由来のアプリケーション	ユーザー固有のアプリケーション設定

出典：NIST SP800-145『クラウドコンピューティングの定義』をもとに著者作成
URL：https://csrc.nist.gov/publications/detail/sp/800-145/final

◉サービスモデルの提供機能範囲

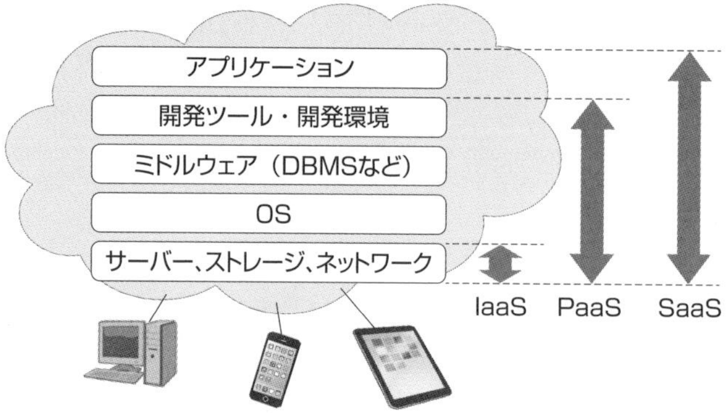

IaaSでは、サーバーやストレージ、ネットワークといったコンピューティングリソースをクラウド事業者が提供します。エンジニアは、クラウド事業者から払い出されたコンピューティングリソースに対し、OSやミドルウェアを導入し、アプリケーションを実行する環境を構築します。

PaaSでは、コンピューティングリソースにOSやミドルウェアを導入した状態でクラウド事業者が提供します。また、クラウド事業者から開発ツールや開発環境なども提供することがあります。エンジニアは、OSやミドルウェアなどの設定を、アプリケーションに合わせて変更します。

SaaSでは、アプリケーションをクラウド事業者が提供します。エンジニアはアプリケーションを利用するための設定、たとえばID作成や権限設定などをします。

NISTの『クラウドコンピューティングの定義』では、IaaS、PaaS、SaaSの３種類だけが定義されています。しかし、クラウドサービスやIT技術の進化に伴い、IaaS、PaaS、SaaS以外のサービスが登場しました。これらのサービスはまとめて**XaaS***（ザース）といわれています。

用語 **XaaS（X as a Service：ザース）**

「X」は任意のサービスを示し、「aaS：as a Service」はサービスとして提供することを示す（XaaSは「EaaS（Everything as a Service）」とも呼ばれる）。「X」の部分には、クラウドベースでのデータ分析サービスを提供するAaaS（Analytics as a Service）など、サービスの仕組みや特徴を示す1～2文字程度のアルファベットが入る。表記は同じでも複数のサービスを示すことがあり、利用する際に正式名称を併記するなど、誤解が生まれないように注意が必要である。

■表記が同じ、かつ、複数のサービスを示す例

AaaS：Analytics as a Service / Advertising as a Service
BaaS：Banking as a Service / Backend as a Service / Backup as a Service
DaaS：Desktop as a Service / Data as a Service

(2) クラウドの責任共有モデルにおける責任分担の考え方

責任共有モデルとは、クラウド事業者が提供するサービスにおいて、クラウド利用者とクラウド事業者の担当範囲を明確にして、運用上の責任を共有する考え方です。大きく分けるとクラウドのサービスモデル（IaaS、PaaS、SaaS）ごとに、クラウド利用者とクラウド事業者の責任分担の境界線が異なります。

IaaSでは、サーバーやストレージ、ネットワークといったコンピューティングリソースをクラウド事業者が提供するので、電源、空調、設備や、ネットワーク、ハードウェアがクラウド事業者の担当範囲となります。ネットワーク設定やOS、ミドルウェア、アプリケーションはクラウド利用者の担当範囲です。

PaaSでは、コンピューティングリソースにOSやミドルウェアを導入した状態でクラウド事業者が提供するので、IaaSの担当範囲に加えて、ネットワーク設定、OS、ミドルウェアがクラウド事業者の担当範囲となります。アプリケーションはクラウド利用者の担当範囲です。

SaaSでは、アプリケーションをクラウド事業者が提供するので、PaaSの担当範囲に加えて、アプリケーションがクラウド事業者の担当範囲となります。

◉サービスモデルと責任共有モデルの関係性

対象	オンプレミス	IaaS	PaaS	SaaS
データ	□	□	□	□
利用者IDとアクセス管理	□	□	□	□
アプリケーション	□	□	□	■
ミドルウェア	□	□	■	■
OS	□	□	■	■
ネットワーク設定	□	□	■	■
ハードウェア	□	■	■	■
ネットワーク	□	■	■	■
電源、空調、設備	□	■	■	■

【凡例】
□：利用者の責任範囲
■：クラウド事業者の責任範囲

いずれのサービスモデルでも、データ、利用者ID、アクセス管理は、クラウド利用者が責任を持つため、クラウドだからといってクラウドサービス事業者に任せっきりにはできません。「**クラウド利用者自身で設計、構築、設定した内容は、すべてクラウド利用者が責任を持つ**」という原則のもと、必要な予防策、検知策、復旧策を定めることが重要です。

(3) クラウドの実装モデルの定義

クラウドの実装モデルは、「利用機会の開かれ方」によって次の4つに分類されます。

- **プライベートクラウド**（Private cloud）
- **コミュニティクラウド**（Community cloud）
- **パブリッククラウド**（Public cloud）
- **ハイブリッドクラウド**（Hybrid cloud）

プライベートクラウドは、特定の企業や組織が自らのために構築、利用するクラウドです。**自社のサービスレベルと整合性が取れない場合やデータのコンプライアンスを満たせない場合**に採用されます。ただし、初期構築費や維持管理費が高くなりがちです。

コミュニティクラウドは、**目的や業務が関連する複数組織で共同利用される**

◉クラウドの実装モデルの特徴

実装モデル	サービス公開先	所有、管理、運用	存在場所
プライベートクラウド	組織内の利用に向けて公開	組織自体、あるいは運営を委託された外部組織	その組織の施設内または外部施設
コミュニティクラウド	業務や法令順守など共通の関心事を持つ複数の組織や共同体に向けて公開	共同体に所属する組織、あるいは運営を委託された外部組織	共同体に所属する組織の施設内または外部施設
パブリッククラウド	利用制限はなく広く一般に向けて公開	クラウド事業者	そのクラウド事業者の施設内
ハイブリッドクラウド	上述のうち、2つ以上の異なるクラウドのインフラストラクチャー（プライベート、コミュニティまたはパブリック）を組み合わせて公開		

出典：NIST SP800-145『クラウドコンピューティングの定義』をもとに著者作成
URL：https://csrc.nist.gov/publications/detail/sp/800-145/final

クラウドです。コミュニティクラウドの例として、銀行間の情報共有や金融サービスの連携を目的としたクラウド、各府省庁が共同で利用する行政クラウドが挙げられます。

パブリッククラウドは、**広く一般に向けて公開されており、利用規約を承諾して登録すれば、誰でもインターネット経由で利用できるクラウド**です。AWSやAzure、GCPなどが該当します。

ハイブリッドクラウドは、**クラウドの実装モデルを組み合わせて利用する形態**です。ハイブリッドクラウドの例として、自社用にカスタマイズが必要な業務をプライベートクラウドで構築し、パブリッククラウドで提供される定型定期なサービスを利用することが考えられます。また、ハイブリッドクラウドを円滑に利用するためには、複数のクラウドで利用可能な、認証機能、クラウド間データ転送機能、統合運用管理機能などが必要となります。

(4) マルチクラウドの定義

一般的に「マルチクラウド」とは、「複数のパブリッククラウドを利用する状態」が多いですが、「広義のマルチクラウド」は、「**複数のクラウドサービスを利用した状態**」と表すことができます。たとえば、「プライベートクラウド」と「コミュニティクラウド」を利用した場合では、NISTが定義する「ハイブリッドクラウド」に該当するので、「広義のマルチクラウドである」といえます。

3-5-3　クラウドの導入効果と注意点

プライベートクラウドは、自社の目的を満たすように、自由な構成にすることができます。一方で、コミュニティクラウドやパブリッククラウドは、「自社システムの所有」から「自社以外のサービスの利用」に変化するので、**自社の目的を満たすクラウドサービスを選ぶ**必要があります。

ここでは、パブリッククラウドに着目して、導入効果と選定時の注意点を紹介します。

(1)　パブリッククラウドの導入効果

パブリッククラウドの導入により期待される効果は多数ありますが、大きく分類すると次の4点です。

- **ハードウェアを所有する必要がない**
- **クラウド事業者が提供する最先端のサービスを利用できる**
- **調達期間が短く、申込み後すぐにサービスを利用できる**
- **システムの規模を容易かつ迅速に変更できる**

まず、経営資源であるモノ（ハードウェア）が減少するので、モノにかかるカネとモノを管理するヒトを少なくでき、他の事業に割り当てることができます。そして、AIや量子コンピュータといった最先端のサービスをすぐに利用できるため、事業を展開する助けになります。また、システムの規模も柔軟に変更できるので、最初は小規模のシステムを構築して、システムを利用するユーザー数に応じて規模を拡大する、いわゆるスモールスタートが可能になります。

(2)　パブリッククラウドの選定時の注意点

パブリッククラウドを選定するにあたっての注意点を、機能、調達、運用、管理という4つの観点でまとめます。

①機能面での注意点

利用するパブリッククラウドサービスが、構築するシステムに適しているか、

事前に検証、評価することが重要です。パブリッククラウドサービスは従量課金であり、調達期間も短いため、容易に検証を始められます。また、機能面での評価とあわせて費用面でも評価することが重要です。

②調達面での注意点

パブリッククラウドをクラウド再販事業者やSIerなどと固定的な価格で契約する場合には、為替などの料金変動リスクを上乗せした費用となる可能性が高くなります。**料金変動リスクへの対応**について、クラウド再販事業者やSIerなどに確認しましょう。

また、既存のソフトウェアをパブリッククラウドへ持ち込む場合、**パブリッククラウド上で稼働するためのライセンス形態に変えなければならない場合がある**ので、事前にSIerなどに確認しましょう。

③運用面での注意点

従量課金制の場合、利用した分だけ維持費用がかかるため、**利用しない時間帯にシステムを停止する運用**が効率的です。ほとんどのパブリッククラウドサービスには、利用料金を監視するサービスがあるので、積極的に利用しましょう。

設備障害やハードウェア障害など、クラウド事業者の担当範囲で発生した障害の復旧には、クラウド利用者はほとんど関与できません。基本的には、クラウド事業者から障害対応状況や対応完了の目途などが公開されるので、その情報を確認して復旧後の対応に備えます。また、障害の経緯や再発防止策の説明会には積極的に参加し、疑問点や改善の要望を伝えましょう。

セキュリティ対策やコンプライアンス対策は、責任共有モデル（3-5-2参照）を理解し、クラウド事業者に任せっきりにすることのないようにしましょう。

④管理面での注意点

契約内容やコンプライアンスへの対応やSLAが自社のルールと適合するかは、契約前に確認しましょう。また、**アカウントの管理者権限は一元管理して、権限設定を適切に行うこと**が重要です。

3-6
パブリッククラウドサービスの基礎

3-6-1　パブリッククラウドサービスの基礎知識

パブリッククラウドを扱う企業は増え続けているので、既存のシステムをパブリッククラウドに移行することは、どの企業でも議論されていると思います。また、充実した公開ドキュメントや資格制度、活発なユーザーコミュニティ、SNSや技術ブログなど、情報の入手が非常に簡単になっているので、SIerだけではなく、企業内の情報システム部門でもパブリッククラウドの知識を所有している人が増えています。今後、システムに関わる人は、パブリッククラウドの知識を持っていることが当たり前になるといっても過言ではありません。

ここからは、パブリッククラウドにおける可用性の考え方について、AWSを例にして解説します。

(1)　パブリッククラウドサービスの基本的な機能

AWSにおける基本的な機能は、**アイデンティティ管理**、**コンピュート**、**ストレージ**、**ネットワーク**です。これらは、AWS以外のパブリッククラウドでも基本的な機能として扱われています。

AWSでは、これらの基本的な機能を、それぞれ、IAM、EC2、S3、VPCという名前でサービスを提供しています。

◉主要なAWSサービス

提供機能	AWSの主要サービス	正式名称
アイデンティティ管理	IAM	AWS Identity and Access Management
コンピュート	EC2	Amazon Elastic Compute Cloud
ストレージ	S3	Amazon Simple Storage Service
ネットワーク	VPC	Amazon Virtual Private Cloud

(2) パブリッククラウドが利用するデータセンター

パブリッククラウドの各種サービスは、仮想化技術を利用して提供されており、物理的には世界のどこかのデータセンター内に設置されたサーバー上で稼働しています。データセンター内の電源設備や、サーバー、ストレージといったハードウェアは、クラウド事業者の責任で運用していますが、データセンターの場所はセキュリティ上の理由から、多くのクラウド事業者が**非公開**としています。クラウド事業者が適切に運用していることをデータセンターへ訪問して確認したい場合には、クラウド事業者へ事前に確認しましょう。

また、クラウド事業者が取得しているISO27017やSOC1/2/3といった**第三者の認証、監査報告についても、クラウドサービス選定時や監査のときに確認する**ようにしてください。

◉AWSが取得している主な第三者認証

国際規格

- ISO9001（世界品質基準）
- ISO27001（セキュリティ管理統制）
- ISO27017（クラウド固有の統制）
- ISO27701（プライバシー情報管理）
- ISO27018（個人データ保護）
- PCIDSS（ペイメントカード基準）
- SOC1（監査統制報告書）
- SOC2（セキュリティ、可用性、機密性レポート）
- SOC3（全般統制報告書）

日本国内の基準や規定

- ISMAP（政府情報システムのためのセキュリティ評価制度）
- NISC統一基準群（行政機関向け）
- FISC安全対策基準（金融機関向け）
- 医療情報ガイドライン（3省2ガイドライン）

出典：AWS HP「AWSコンプライアンスプログラム」から著者作成
URL：https://aws.amazon.com/jp/compliance/programs/

3-6-2 アベイラビリティゾーン、リージョンの冗長化構成

(1) アベイラビリティゾーン、リージョンの特徴

AWSでは**アベイラビリティゾーン**（以下、AZ）、**リージョン**という概念があります。

AZは、サービスを展開するデータセンター群のことを指し、1つ以上のデータセンターで構成されています。AZを構成するデータセンター間のネットワークは、1ミリ秒以下の速度で通信できます。

リージョンは、サービスを展開する地域のことを指し、複数のAZで構成されています。日本国内では、東京リージョンと大阪リージョンの2つがあります。リージョン内は非常に高速かつ広い帯域を確保したネットワークが敷設されており、リージョンを構成するAZ間の通信は、数ミリ秒程度の速度で通信することが可能です。また、リージョン間の通信は、地理的な距離にもよりますが、数十ミリ〜数秒程度の速度で通信できます。

このように、パブリッククラウドにおいて高可用性を実現するためには、そのサービスが稼働するAZとリージョンを把握する必要があります。

◉AWSのAZとリージョンの定義

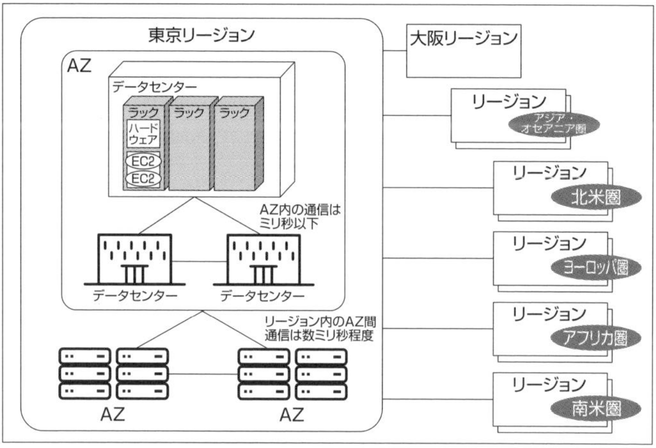

(2) マルチAZ構成、マルチリージョン構成の特徴

マルチAZ構成、マルチリージョン構成はその名の通り複数のAZ、複数のリージョンにまたがってシステムを構成することを指します。どちらも可用性の向上を目的としていますが、**想定している災害規模**に差があります。マルチAZは、AZの障害、1つの都市・データセンターで発生した災害に耐えることができ、マルチリージョンはリージョン、1つの国・地域で発生した災害に耐えることができます。なお、マルチリージョン構成は、マルチAZ構成よりも維持費用や構成難易度が高いため、規模が大きくミッションクリティカルな業務で検討することが多いです。

ここからは、マルチAZ構成、マルチリージョン構成について解説します。

①マルチAZ構成の特徴

マルチAZ構成はAZの冗長構成であり、1つのAZで障害が発生しても他の正常なAZで稼働を継続することが可能となります。オンプレミスで複数のデータセンターをまたいだ冗長構成とすることは、作業量や費用などの観点から難しいですが、パブリッククラウドでは簡単に実装できます。

なお、AWSが提供する各サービスのSLAは、マルチAZを前提として定義されているものが多いため、注意しましょう。

◉マルチAZのシステム構成例

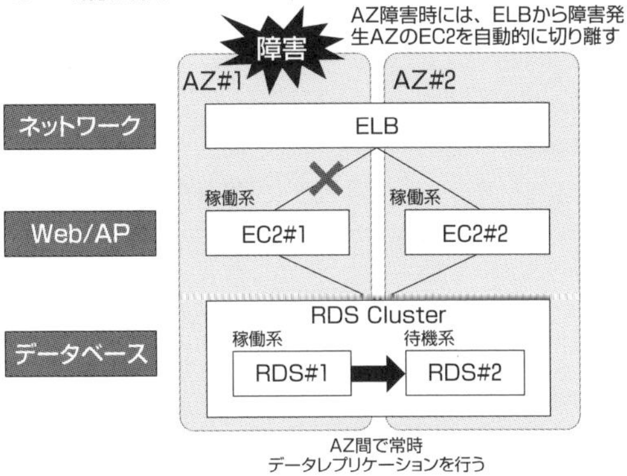

②マルチリージョン構成の特徴

マルチリージョン構成は、複数のリージョンをまたいだ冗長構成を指し、ディザスターリカバリーなどで採用されます。リージョンごとに提供されているサービスの種類に違いがあるので、マルチリージョン構成を検討する際は事前に選択したリージョンで同じサービスが利用できるかを確認する必要があります。

なお、**日本国外のリージョンを利用したマルチリージョン構成には注意が必要**です。日本国内からアクセスする場合にはネットワークの伝送時間がかかりますし、国外にデータを保管する場合には、保管している国の法制度が適用されます。可用性の向上だけでなく、性能やコンプライアンスなどの観点についても検討することが重要です。

◉マルチリージョンのシステム構成例

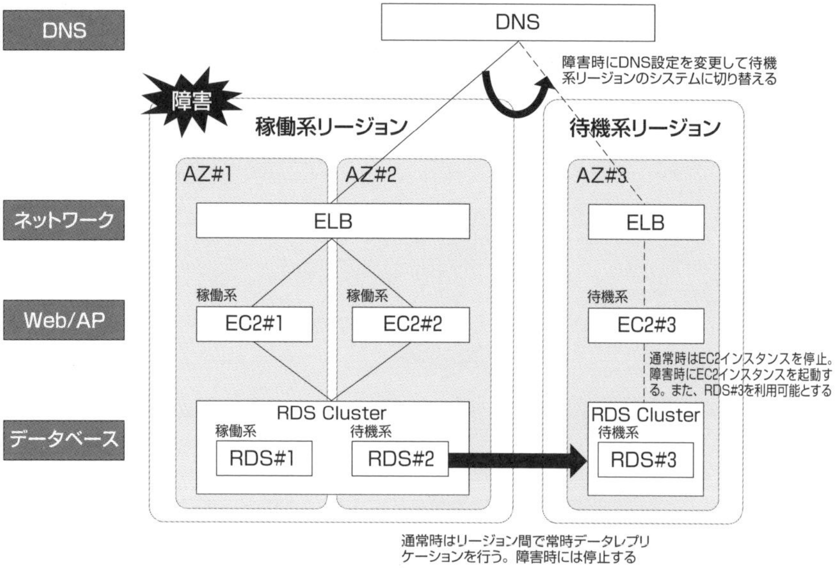

3-6-3 パブリッククラウドで実現する高可用性実装方式

Webシステムを例にすると、従来のオンプレミスではWeb/APサーバーの前段にファイアウォールとロードバランサーを設置し、データベースは複数台のサーバーでレプリケーションを行う方法やクラスタリングするなどの方法で可用性を向上させる方式がよく採用されています。

AWSではどのような構成となるか見ていきましょう。

(1) ネットワーク（ファイアウォール、ロードバランサー）の高可用性実装方式

AWSでは、ファイアウォールは**セキュリティグループ**という機能になり、ロードバランサーは**ELB**（Amazon Elastic Load Balancing）になります。ELBはAWS内で冗長化されたサービスとなっているため、エンジニアがハードウェアの可用性について考慮する点はほとんどありません。

(2) コンピュート（Web/APサーバー）の高可用性実装方式

ELBとあわせて利用するEC2などのコンピュートは、高可用性の実現のため

◉オンプレミスとパブリッククラウドでの高可用性実装方式の比較

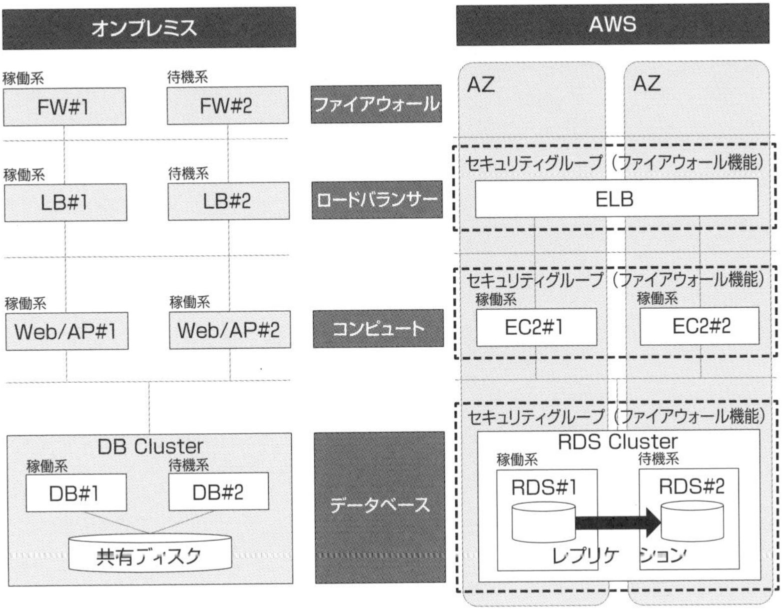

Active/Active構成にする必要があります。また、コンピュートに対し**Auto Scaling機能**を設定し、負荷に応じて自動的にスケールアウトさせることで、可用性を高めることができます。

コンピュートが障害に陥った場合は、ELBが障害中のコンピュートを自動的に切り離します。障害中のコンピュートがAuto Scalingを設定している場合には、障害中のコンピュートを切り離した後に、新たなEC2を起動し、自動的にELBへ組み込み、台数を維持します。

(3) データベースの高可用性実装方式

データベースでは、**RDS**（Amazon Relational Database Service）という高い可用性を持つサービスが提供されています。このRDSの構成は内部が冗長化されたシェアードナッシング（3-2-3参照）です。

RDS内部のコンピュートは**プライマリノード**と呼ばれる稼働系と、**スタンバイノード**と呼ばれる待機系で構成されており、障害が発生した際は自動的にプライマリノードからスタンバイノードに切り替わります。データはプライマリノードからスタンバイノードにレプリケーションされているので、これらの操作をエンジニアや運用者が実行する必要はありません。接続元のアプリケーションの設定によっては切り替わった後のRDSインスタンスへの接続が失敗することがあるので、切り替わり後正しく接続できるかは構築時に確認しましょう。

◉RDSの仕組み

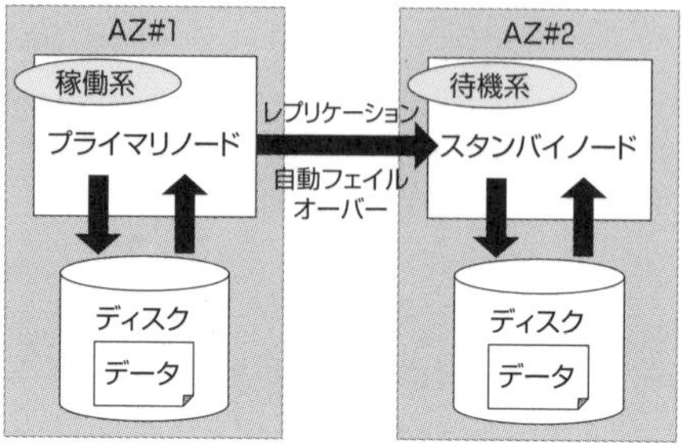

なお、RDS中には、シェアードエブリシング構成の**Aurora**という、AWSが独自にチューニングしたデータベースサービスがあります。Auroraは、PostgreSQL、MySQLと高い互換性がありますが、冗長化方式が異なるので、事前に仕様や特性を確認して選択する必要があります。

また、データベースのソフトウェアも事前に、パブリッククラウド上で動作保証されるか**確認が必要**です。オンプレミスのデータベースシステムでは、データベースをクラスタ構成とするために有償のソフトウェアを利用することが多いです。市販されているソフトウェアのすべてがパブリッククラウド上での動作を保証しているわけではないため、オンプレミスのデータベースシステムで利用していたソフトウェアをそのまま利用できないことがあるので、SIerやクラウド事業者に確認しましょう。

(4) パブリッククラウド障害への備え

AWSでは、業務継続を考慮したマルチAZ構成でシステムを稼働させていれば、1つのAZが使えなくなった場合でも残りのAZでサービスを継続できます。また、マルチリージョン構成を採用していればリージョン内のすべてのAZが使えなくなった場合でも、サービスを継続させることができます。しかしながら、マルチリージョン構成やマルチAZ構成とする場合は、構築の難易度や維

◉RDS Auroraの仕組み

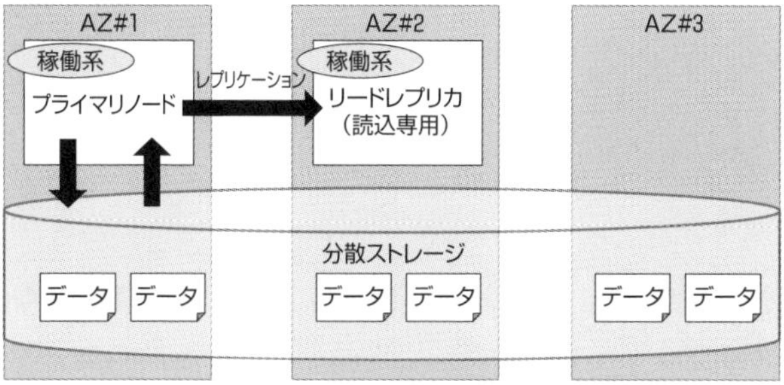

RDS Auroraのデータは、3つのAZに2つずつ、合計6つコピーされる

持費用が高くなるので、どの程度まで対応するかの見極めが重要です。

2-1-2の予防策に記載した通り、**システム全体の稼働イメージを持ち、非機能要件を決め、リスクを分析してから、システム構成を決めること**が重要です。なお、AWSをはじめとしたクラウド事業者は、過去の障害履歴を公開しているので、リスク分析の参考としてください。

(5) パブリッククラウドでのDesign for failure

AWS以外のパブリッククラウドやすべてのサービスについてもいえることですが、100%という可用性を実現しているサービスは存在しません。オンプレミスと同様、パブリッククラウドにおいても可用性を向上させるために複数の機器で冗長構成を採用するほか、**Design for failure**という障害ありきの設計が重要となります。

これは、2-2-4で解説した障害対応や、2-4-1で解説した監視を十分に検討してシステムを構築することと同じです。

パブリッククラウドのサービスは高い可用性を持ちますが、アクセスの集中やサービス側の要因でエラーを返すことがあります。パブリッククラウドが提供するサービスの裏では、同一のシステムやサービスが複数のユーザーで共有されるマルチテナント型の大規模なシステムが稼働しており、軽微かつ一時的なインシデントは自動的に復旧していると推定します。このため、サービスが一度エラーを返したとしても、**リトライ**することで成功する可能性があります。

AWSでは、サービスを利用するアプリケーションに対し、**エクスポネンシャルバックオフ**というリトライ制御を推奨しています。エクスポネンシャルバックオフとは、リトライ間隔を1秒、2秒、4秒、8秒といった具合で指数関数的に延ばす制御のことです。これにより、一時的なエラーの場合は速やかにリトライでき、サービスが長期間停止したとしても、アプリケーションの負荷を低くすることが可能になります。

このように、Design for failureは、パブリッククラウドを利用する上でも重要なことです。さらに、発生する確率はとても低いと思われますが、**パブリッククラウドすべてが停止した場合に、どのように事業を継続するか**、というシナリオも忘れずに検討し、対策を準備しておきましょう。

3-6-4 マネージドサービスの活用

(1) マネージドサービスの特徴

マネージドサービスとはロードバランシング機能を提供するELBや、データを保存、保管する機能を提供するS3、データベース機能を提供するRDSなど、機能だけでなく運用管理なども一体的に提供されるサービスを指します。機能追加や不具合修正のプログラムであるパッチの適用やバックアップ、障害時の復旧作業までクラウド事業者側で行うため、マネージドサービスの積極的な活用は可用性向上策のひとつといえます。

ただし、エンジニアや運用者が介入できない部分があるので、セキュリティ要件やSLAなどについて、**許容できる仕様かを事前に評価する**必要があります。

(2) マネージドサービスの活用による開発、保守への影響

マネージドサービスを利用すると**設計や保守の範囲が狭くなる**ため、それにかかる開発や保守への費用を削減できます。データベースシステムの構築を例にすると、従来のオンプレミスの場合はサーバー、ネットワーク機器、クラスタリングソフトウェア、データベースソフトウェア、データベースパラメータ、データベースの物理設計、論理設計などを行う必要がありましたが、マネージドサービスを利用すると、エンジニアはデータベースパラメータとデータベースの物理設計、論理設計を行うだけになります。

開発期間の短縮や費用削減といったパブリッククラウドの恩恵を享受するためには、SaaS、PaaS、IaaSの順で検討を行い、可能な限りマネージドサービスの活用を検討するのが望ましいです。

3-7 アプリケーションの可用性

3-7-1 コンテナ技術による可用性の向上

サーバーの仮想化技術（3-4-2参照）で説明した通り、コンテナ技術を用いると、1つのOS上に仮想化した実行環境（コンテナ）を複数配置し、その中でアプリケーションを実行・動作させることが可能となります。

このコンテナの実行・動作を実現するのが**コンテナ管理ソフトウェア**です。

コンテナ技術の特徴

下表の通り、コンテナ技術はその特徴である**アジリティ**（俊敏性）や**ポータビリティー**（可搬性）により、可用性の向上に貢献します。

◉コンテナ技術の特徴

特徴	概要
アジリティ（俊敏性）、高集約	•従来のハイパーバイザー型の仮想化技術と比べて、サーバー起動時にゲストOSまで立ち上げる必要がないため、起動が速い •個別にOSを必要とせず、かつ、必要最低限のCPUやメモリしか使用しないため、1つのコンテナは軽量であり、1台の物理サーバーに多くのコンテナを集約できる
ポータビリティー（可搬性）	同じコンテナ稼働環境であれば、コンテナ単位で環境間を移動することが容易にできる（可搬性が高い）
再現性の高さと管理のしやすさ	•コンテナ内のアプリケーションは、どのコンテナ稼働環境でも同じ挙動をする（再現性） •環境構築に必要な各種情報をコードとして管理できるため、同じ環境を簡単に構築できる •アプリケーションの差分のみアップデートして新たなコンテナイメージを作成できる

なお、可用性を高めるためには、**1つのコンテナで稼働する業務を軽量化すること**が基本です。これは、軽量化をしないと障害発生時などに新しいコンテナの起動に時間を要することで障害影響が大きくなり、障害復旧時間も長くなってしまうためです。

また、コンテナ技術を利用した業務の分割により、可用性向上の他にも享受できる多くのメリットがありますが、軽量化のために過剰に分割してしまうと、複雑に分散した業務間で疎結合を保つことが難しくなり、かえって可用性が低くなる可能性もあります。このため、コンテナ技術を用いたシステムの設計・運用においては、その技術の特徴について理解するとともに、「可用性」と「業務の分割」はトレードオフの関係であることに留意し、**適切な業務の分割**を検討する必要があります。

Column

Docker（ドッカー）とは？

コンテナ管理ツールのデファクトスタンダードが「Docker」です。

Dockerは、Docker社が2013年に公開したコンテナのアプリケーション実行環境を管理するオープンソースソフトウェアです。Dockerは、コンテナに含まれるアプリケーションをパッケージ化して実行する機能、コンテナを管理するためのツールとプラットフォーム機能を有しています。

Dockerコンテナ内でのアプリケーション実行に必要な情報が含まれたパッケージを「Dockerイメージ」、このDockerイメージを作成するために手作業で実行するすべての手順・命令を含む構成ファイルを「Dockerfile」と呼びます。

◉Dockerの仕組み

Dockerは、Dockerfileの手順・命令を読み込んでDockerイメージを構築し、それを実行することでDockerコンテナを起動します。また、Dockerfileに必要な変更を加えることで、オリジナルのカスタムイメージを構築することも可能です。

なお、Dockerの高いポータビリティー（可搬性）により、同じCPUアーキテクチャで動く同じOS上の環境であれば、Dockerイメージはそのまま移動できるほか、さらにCPUやOSが異なる環境の場合でも、OS固有の機能を使わずにDockerfileを構成できれば、同じコンテナを別環境で起動することもできます。

3-7-2 マイクロサービスによる可用性の向上

パブリッククラウドの持つ拡張性や可用性の高さという特徴は、コンテナ技術を利用し、**マイクロサービス**という開発手法でシステムを構築することで最大限有効に活用できます。

コンテナ技術により業務の復旧時間を短縮し、マイクロサービスにより障害の影響を局所化できるので、業務全体の可用性を高めることができます。ただし、マイクロサービスを利用して高い可用性を得るには、業務を分割する単位が非常に重要になるため、受託者のアプリケーションエンジニアと、業務の特性を理解する委託者が協力して検討する必要があります。

マイクロサービスというシステム開発手法を用いる場合、従来のシステム開発手法と何が違い、どういった点で注意する必要があるのでしょうか。

ここではマイクロサービス（マイクロサービスアーキテクチャ）と従来のシステム開発手法であるモノリス（モノリシックアーキテクチャ）を比較しながら解説します。

(1) マイクロサービスの成り立ちとその特徴

マイクロサービスは、１つの業務を独立した小さい単位（サービス）に分割し、それぞれが連携して業務を実現するように構成します。具体的には、サービス単位でアプリケーションを構成することで異なるサーバーに配置できるようにし、他のアプリケーションとはAPIなどを通じて連携することで、１つの業務を実現します。この「**アプリケーションを異なるサーバー上に配置可能であること**」がマイクロサービスの重要な特徴です。

マイクロサービスでは、サービスごとにリリースが可能となるため、サービスを更新する際に業務全体を止める必要がなく、NETFLIX社などが１日数千回の機能改善を可能とした手法として有名です。

◉マイクロサービスを用いた処理の例

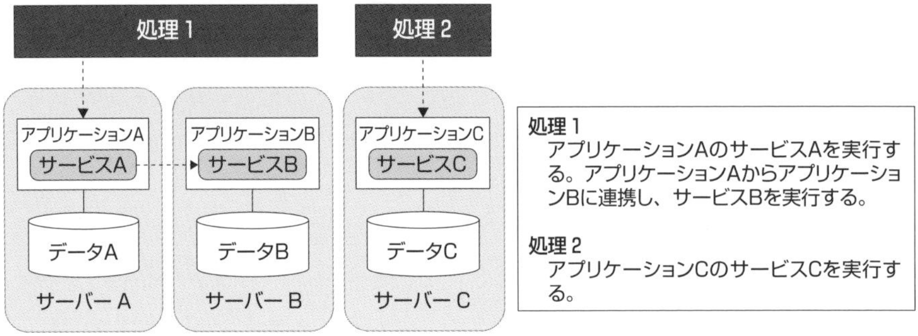

(2) モノリスの特徴

モノリスとは、英語で一枚岩を意味する単語です。**モノリシックアーキテクチャ**とは、その名の通り、ある範囲の業務を一枚岩のような1つのアプリケーションとして構築するアーキテクチャです。ここでいう1つのアプリケーションとは、機能を分割していない巨大な1つのアプリケーションという意味もありますが、異なるサーバー上に分割して配置できない同一マシン上にあるアプリケーションという意味です。

◉モノリスを用いた処理の例

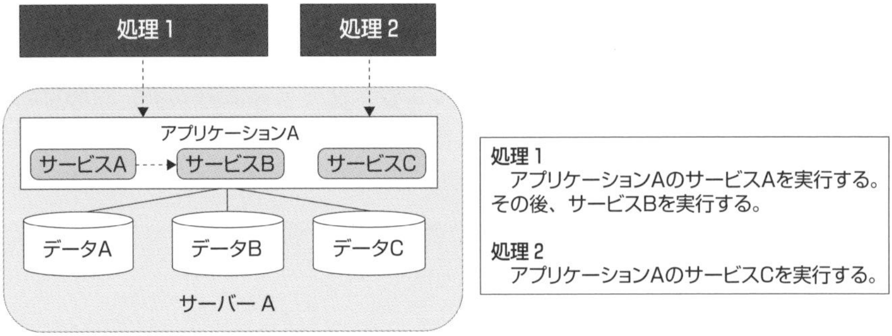

(3) マイクロサービスとモノリスの可用性への影響

マイクロサービスでは、各サービスが独立しているので、**1つのサービスが障害で利用不能となっても業務全体が停止することはありません**。たとえば、上図（マイクロサービスを用いた処理の例）にあるアプリケーションBが停止した場合、サービスAは継続して業務を提供できる可能性があります。ただし、サービスAのうちサービスBを利用する処理がエラーとなるので、復旧まで滞留させるか、サービスBを利用する処理をスキップするといった対応が必要です。

それに対し、モノリスは、複数のサービスが1つのアプリケーションにまとめられていることから、**ある1つのサービスで障害が発生すると、他の無関係なサービスにも影響して、業務全体が利用できなくなる**おそれがあります。たとえば、前ページの図（モノリスを用いた処理の例）にあるアプリケーションAが障害で停止した場合、サービスA～Cのすべてが停止します。さらにアプリケーションAを復旧する際に、サーバーAが高負荷となりサービスCが遅くなるといった二次障害も考えられるので、慎重な復旧対応が求められます。

なお、マイクロサービスであってもモノリスであっても、**提供する業務全体を考えて統制すること**が重要です。複数の業務で同じようなアプリケーション障害が発生することを防ぐためには、サービス間の呼び出し方法の取り決めや、サービスで異常があった場合の振る舞いの整理が必要です。

(4) マイクロサービスとモノリスの選択

マイクロサービスは、業務全体の可用性を高めるだけではなく、開発サイクルの短縮や効率的なスケーリングなど、さまざまなメリットがありますが、決して万能薬ではないことは押さえておきましょう。

たとえば、開発面では、業務を構成するサービス同士が完全に無関係であることは少ないため、サービス間の整合性を担保する必要があります。業務を分割すれば分割しただけ整合性を担保すべきサービスの組合せが増えるため、分割により減少するアプリケーション単体の複雑さと、増加するサービス間の整合性を維持する仕組みの複雑さを天秤にかけた検討が必要です。業務を分割しすぎると、サービス間の整合性を維持する仕組みが複雑になり、追加の機能を開発するときに足かせとなることがあります。マイクロサービスのメリットを最大限享受するためには、**どの単位で業務を分割するか**をよく検討する必要があります。

また、運用管理面では、サービスの種類が増えて全体構成が複雑になるので、**多数のサービスを運用管理できる環境**が必要です。また、サービス間の通信量が増えるため、**ネットワーク帯域の余裕を確認しておく**必要もあります。

モノリスは、その構造のシンプルさから、このようなマイクロサービスの懸念点に対しては考慮が不要となる可能性があります。優れた構成設計がされたモノリスを無理にマイクロサービスへ移行する必要はありません。

採用するアーキテクチャは、業務の特性や開発観点、運用管理観点で統合的に判断し、慎重に選択しましょう。

3-7-3 コンテナオーケストレーションによる可用性の向上

コンテナおよびマイクロサービスを利用し、サービスの種類とサービスに必要なITリソースが増えるにつれて、実行されるコンテナの数が増えます。コンテナの数が増えるほど、運用や管理にかかる労力も増大します。この労力を軽減し、多数のコンテナを効率的に運用、管理する技術が**コンテナオーケストレーション**です。

(1) コンテナオーケストレーションツールの特徴

複数コンテナを運用、管理するためには、さまざまな作業が必要です。たとえば、次のような作業が考えられます。

- サーバーでコンテナを起動する前に、コンテナが必要とするCPUやメモリ量が確保できるかを確認する
- アプリケーションが稼働するコンテナを複数のサーバーにリリースする
- 起動したコンテナをロードバランサーへ組み込む
- コンテナがどのサーバーで稼働しているかを管理する
- コンテナが高負荷となった場合に、別のサーバーでそのコンテナを起動する
- コンテナに異常が発生した場合に、問題のあるコンテナを停止すると同時に、新しくコンテナを起動する

コンテナオーケストレーションツールは、これらの作業を自動で行うことができるため、可用性の向上に貢献します。

(2) コンテナオーケストレーションツールの導入による効果

コンテナオーケストレーションツールを導入することで、ローリングメンテナンス（3-3-2参照）やスケールアウト、スケールアップ（3-3-3参照）に容易に対応できます。この他、コンテナオーケストレーションツールの導入効果には次のようなものがあります。

- サービスに必要となる複数のコンテナをまとめてデプロイメント（配置）できる
- コンテナイメージのバージョン管理とロールバック（問題が発生した場合の「前回戻し」）ができる
- サービスの負荷に応じてコンテナを自動的に増減（スケーリング）できる
- ITリソース利用率の監視と制限ができる

また、コンテナオーケストレーションツールは、パブリッククラウドやプライベートクラウド、個別のシステムにも導入できるので、**業務を稼働するために最適な環境を選ぶこと**ができます。特にパブリッククラウドでは、コンテナオーケストレーションツールをマネージドサービスとして提供していることが多く、設計や構築にかかる手間とバージョンアップのような保守作業を軽減できます。

このように、コンテナオーケストレーションツールは、コンテナ技術とマイクロサービスを効率的に運用できるので、業務に対し、高い可用性が提供できます。ただし、比較的新しい技術でありバージョンアップされる頻度が高いため、**継続的な学習やバージョンアップ作業が必要**です。利用する際は、技術の教育やバージョンアップ作業に関しても考慮するようにしましょう。

Column

Kubernetes（クーバネティス）とは？

コンテナオーケストレーションソフトウェアのデファクトスタンダードが、「Kubernetes」です。

Kubernetesは、Google社が開発したコンテナオーケストレーションツールです。2014年にオープンソースとして公開されたKubernetesは、もともとGoogle社内で使われていたBorgと呼ばれるオーケストレーションツールをもとに開発されており、Googleが提供するサービスの運用で得られたさまざまなノウハウを取り入れています。Kubernetesはオープンソースであり、オンプレミスでもパブリッククラウドでもどこでも動かせます。さまざまなソフトウェア会社がKubernetesをもとにソフトウェアを開発、提供しており、パブリッククラウドでマネージドサービスとしても提供されています。

Kubernetesは、複数のサーバーを統合したクラスタ上でコンテナを管理・実行します。Kubernetesでは、クラスタを構成するサーバーをノードと呼びます。中でも、クラスタを管理するKubernetesマスターが稼働するノードは、マスターノードと呼んで区別します。各ノードには、コンテナ化されたアプリケーションや共有ストレージを管理するPod（ポッド）が起動し、Kubelet（キューブレット）と呼ばれるPodの管理機能を利用してKubernetesマスターと通信します。本番環境では、クラスタを複数のノードで構成するのはもちろん、マスターノードも複数用意することで、耐障害性や高可用性を実現します。

◉Kubernetesの仕組み

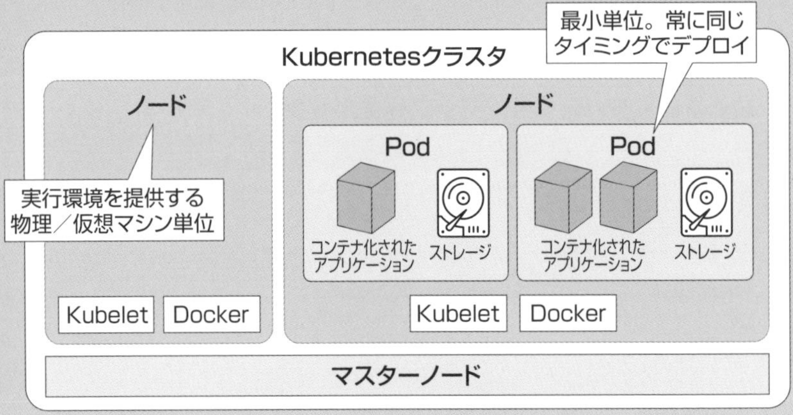

第4章

コンティンジェンシープラン策定の基礎

4-1

コンティンジェンシープランの種類と適用場面

4-1-1 コンティンジェンシープランの構成要素と種類

(1) 3つのR

コンティンジェンシープランとは、企業・団体などにとって中核となる業務を支えている情報システムが可能な限り継続して運用できるよう、また障害となってしまった場合は迅速に復旧できるよう、システム障害対応時の体制・手順・資源の確保や、委託者・利用者への連絡などを計画したものです。

通常、コンティンジェンシープランの策定では、3つのRといわれる**RPO（目標復旧時点）**、**RTO（目標復旧時間）**、**RLO（目標復旧レベル）**が重要な観点・指標です。

●障害発生から復旧までのイメージ図

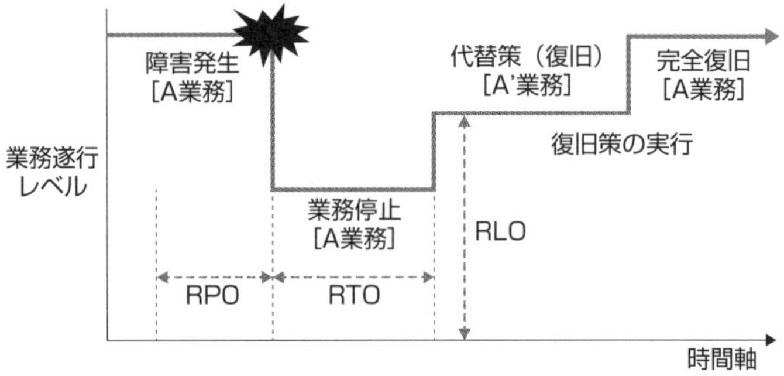

RPO	Recovery Point Objective	目標復旧時点
	過去のどの時点の状態に戻すか	
RTO	Recovery Time Objective	目標復旧時間
	復旧するまでどれくらいの時間がかかるか	
RLO	Recovery Level Objective	目標復旧レベル
	継続させる業務の範囲やレベルをどう設定するか	

前ページの図は、障害発生後に代替策によって中核となる業務（A業務）を復旧させ（A'業務≒A業務）、その後復旧策により元通りに修正し、業務を継続するイメージを表したものです。

RPOは、「過去のどの時点の状態に戻すか」であり、たとえば昨晩の夜間バッチ処理終了時点であったり、2時間ごとに取得しているオンライン処理の業務データのバックアップをもとに2時間前の時点などとなります。別の言い方をすれば、「**どれだけ障害発生時点の近くまで戻せるか**」を意味します。出来る限り最新状態まで戻そうとすると、失われるデータは最少化できますが、バックアップ処理の間隔が短くなり、頻度が増えることでシステムへの負荷が大きくなり、業務処理に影響を与えてしまいます。その一方、失われたデータについては再度利用者に入力してもらうなどの復旧の負担も考慮しなければなりません。業務の重要性やコストなどをよく比較・検討した上で決定する必要があります。

RTOは、「復旧するまでどれくらい時間がかかるか」であり、バックアップデータを用いてRPOから障害発生時点に向けてトランザクションの再処理を行う作業時間です。別の言い方をすれば、「どれだけ時間をかけていいのか」、つまり「**中核となる業務の停止時間がどれだけ容認されるか**」を意味します。RTOは、事前に復旧策を策定しておいたり、迅速に遂行できるように障害訓練を実行したりすることなどにより、より少ない時間で実行できるようになります。

RLOは、「業務継続させる業務の範囲やレベルをどう設定するか」です。別の言い方をすれば、「**中核となる業務は何であり、レベルダウンがどの程度容認されるか**」を意味します。利用者の利便性を考慮すると、当然、広範囲・高レベルが望ましいのですが、対策コストが膨大になりかねません。業務の重要性やコストなどを考慮の上、1-2-2で述べたように、システムの停止が許容できる業務と許容できない業務を明確に切り分ける必要があります。

いずれにせよ3つのRを決定するには、**業務の重要性やコストとのバランスの判断が必須**であり、中核となる業務については委託者である経営層や事業部門が決定するものです。委託者の情報システム部門、ましてやITパートナーなどの受託者が単独で決定するようなものではありません。ただし、中核となる業務を決定するための判断材料、たとえば業務システムごとの利用状況や開発費・保守費などの情報提供、それに基づく助言は必須であり、受託者に期待される大きな役割のひとつといえます。

これら3つのRについて、委託者と受託者がしっかりと認識を合わせた上で、冗長化の範囲などのシステム対応とコンティンジェンシープランについて合意していく必要があります。

なお、本書ではシステム障害における業務継続をテーマとしていますが、本章に記載するコンティンジェンシープランの一部は、自然災害やパンデミックなどのシステム障害以外のBCPでも利用可能な考え方です。

(2) コンティンジェンシープランの構成要素

コンティンジェンシープランは、148ページの図でも表現した通り、大別すると**代替策**と**復旧策**から構成されます。

代替策は、「業務継続のため、あらかじめ決めた方法を実行する対策」であり、たとえばネット通販のシステム障害時に、コンタクトセンターで注文を受け付けるように変えるなど、障害前とまったく同様とはいえなくとも、何とか中核となる業務を継続する施策です。

この例でいうと、いつもと異なる注文方法では利用者が混乱するため、コンタクトセンターで注文を受ける場合があることや、その際の手順、コンタクトセンターの電話番号などを、普段から利用者に伝達しておく必要があります。また、注文方法がインターネットから電話に変わると、音声でのやりとりや注文内容の復唱確認などに伴って処理時間が大幅に増えるため、コンタクトセンター業務における一般的な問合業務は停止するなど、業務を絞り込む必要もあるでしょう。

加えて、いざというときに一時的にコンタクトセンターの電話回線数を増やせるような契約や仕組みにしておく、あるいはコンタクトセンターの一部の問合せをチャットボット*で処理できるようにしておくなどの予防策を講じておくと、業務の絞り込みを緩和できることにつながります。平常時の業務効率化の手段にもなるので、チャットボットなどは検討しておいて損はないでしょう。このような**業務継続上の制約への対処を事前に検討しておく**と、代替策の効果が向上します。

用語 チャットボット

入力した発言や質問に対して、リアルタイムに応答をする疑似的な対話を可能とするソフトウェア。「チャット」と「ボット」を組み合わせた造語。「ボット」はロボットの略。

復旧策は、「障害発生原因を暫定的もしくは恒久的に取り除く対策」であり、**システム障害発生前のシステムが正常に稼働していた状態に戻す施策**です。

障害発生の原因は、プログラム（アプリケーション）の不具合、インフラを構成する機器の故障やOSなどのバグ、自然災害に伴う障害（停電など）などさまざまです。そのため、復旧を優先する障害対応では、障害を完全に修復できる「恒久対応」が望ましいものの、障害を修復できずに応急措置である「暫定対応」とならざるを得ない場合もあります。また対応の範囲も、プログラムやいわゆるパラメータ（設定値）の修正で済む場合もあれば、欠損や誤りがあったデータの再計算などの修正を伴う場合もあり、対応内容に応じて復旧時間も大きく異なります。

◉危機管理計画の内訳（再掲）

障害が起きないようにする対策	①予防策	あらかじめ障害が起きにくい構成・構造にする（高可用性設計や事前のリソース増強、OSのパッチ適用など）
	②検知策	監視などにより、イレギュラーな事象の予兆・発生を早期に見つける（委託者や利用者が気付かないのがベスト）
起きてしまったときの対策	③代替策	**業務継続のため、あらかじめ決めた方法を実行する（たとえばネット注文をコンタクトセンターで受けるなど）**
	④復旧策	**障害発生原因を暫定的もしくは恒久的に取り除く（プロセスの再起動やプログラムやデータを修正する）**
二度と起きないようにする対策	⑤再発防止策	システム障害の原因の対策を考案し、実行する。具体的には次の2つの対策が考えられる ・混入原因対策 調査漏れ、設計不備などはツールの拡充、システム資料の整備など ・流失原因対策 レビュー漏れ、テスト漏れはレビュー観点のチェックリスト化など

◉コンティンジェンシープランの範囲

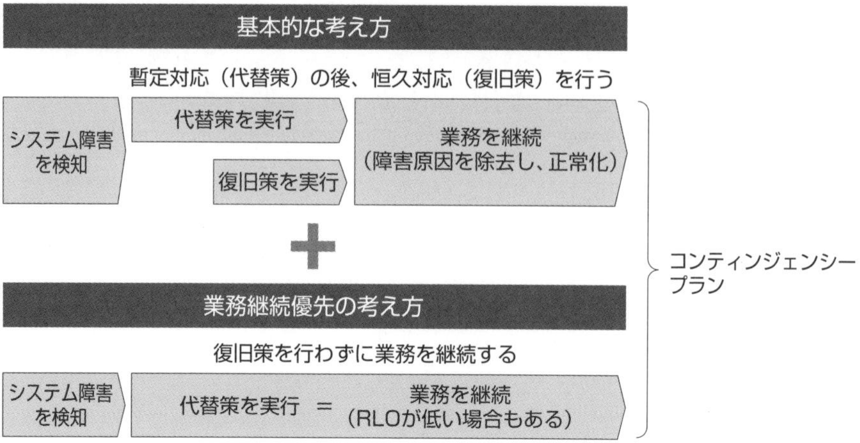

なお、障害対応としては、代替策の実行により業務を復旧しつつ、策定した復旧策を実行して本来的な状態に戻すという時系列的な動きになることも多いです。しかし、本書では、業務継続を最優先に考え、代替策のみの復旧でも広く復旧策と捉えています。別の言い方をすると、代替策は復旧策の「暫定対応」の位置づけといえます。

よって本書では、代替策を含めた広い範囲の復旧策をコンティンジェンシープランとして述べます。

⑶ コンティンジェンシープランの種類

システム障害が発生した際、速やかにその原因である不具合を除去して解消し、業務を継続したいところですが、障害状況によっては原因追及や対策立案の目途が立たない、あるいは目途は立ったが対応に相当な時間がかかる場合があります。そうなると、利用者に多大な影響・不利益をもたらしてしまいます。

そのため、業務継続の観点からRLOを定め、最大限業務を継続できるよう、具体的に備えておくこと、つまり**コンティンジェンシープランを策定しておくこと**が重要です。

RLOは大きく、Ⓐ**全業務を守る**、Ⓑ**中核的な業務を守る**、Ⓒ**案件稼働時の変更前の既存業務を守る**、の３種類に整理されます。そして対策、つまり守り方としては不具合の除去以外に、暫定的な復旧策（再起動）、業務の一部停止、

◉コンテンジェンシープランの種類

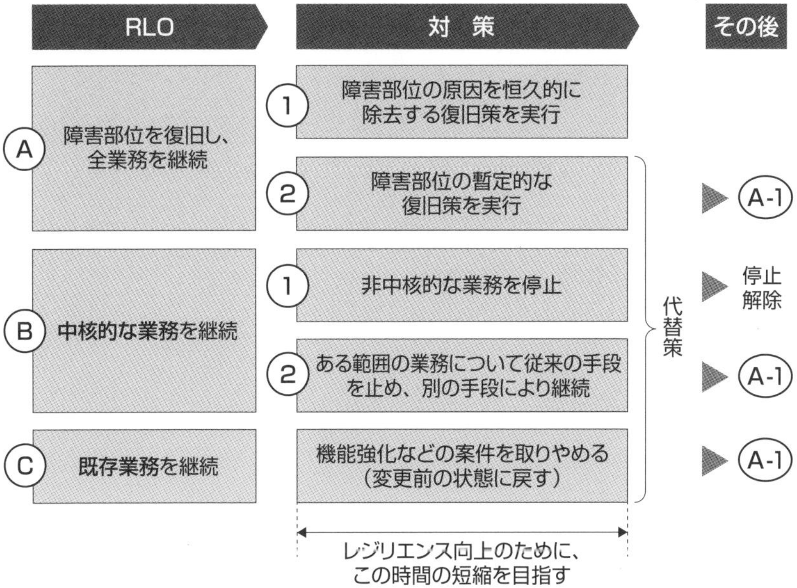

※設計した冗長構成における切替によって業務継続されるケースは確かに復旧策ではあるが、コンティンジェンシープランとはせず、上図にも含めていない

別の手段での業務遂行、変更前への戻し、があります。これらの組合せが考えられるのですが、現実的に取り得る策は上図に示すように5種類になります。

Aタイプは2種類あります。A-1タイプは、たとえば新システムの立上げで「変更前」が存在しない場合や、法務・税務などの法改正へのシステム対応で、変更前に戻す手段が使えない場合などに用います。これは、機能が正しくなるようプログラム（アプリケーション）などの誤りを緊急で修正するものです。前に進むことでしか解決できないことから、「**前進復旧**」とも呼ばれます。

A-2タイプは、短期間での原因究明が困難である場合に採用する暫定的な対策です。たとえば、機器・OS・ミドルウェア・アプリケーションなどを再起動することが該当します。

Bタイプは2種類あります。B-1タイプは、たとえばネット証券取引において、大量の注文が殺到して性能劣化が発生した、あるいは発生しそうな場合などに実行します。これは非中核的な業務を停止してトランザクションを減らし、中核的な業務にシステムのリソースを集中的に割り当てるものです。具体的には、受注業務は継続するが、問合業務の一部や購入銘柄の検討に用いる証券アナリストレポートの閲覧機能を停止する、などです。全体のサービスレベルを落としてでも中核となる業務を死守する対策です。

B-2タイプは、機器の故障、OS・ミドルウェアや過去からのプログラム（アプリケーション）の不具合など、機能障害の場合に実行します。これは、早急にその部位を特定・除去できないとの前提に立ち、業務を停止し、たとえばネット証券取引ならばインターネット経由からコンタクトセンターでの電話受注に切り替えるものです。ある範囲でのすべての業務を停止するため、具体的な方法としては当該Web系システムの入り口となるネットワーク機器に、ある業務の範囲を表すURLを通過させずにソーリーページ*に誘導する設定を行う、などです。

用語 ソーリーページ

Webサイトが障害や定期保守などで停止している際、本来の業務系サーバーに代わって利用者に停止している旨を告げるサーバーをソーリーサーバー（Sorryサーバー）というが、そこで表示される告知文や謝罪文のこと。停止の原因や対応の状況、再開の見込みなどを伝える場合もある。

Cタイプは、現在稼働中のシステムに新たに変更を加えたシステムが本番環境で稼働する際に起きたシステム障害に対して用います。この場合、新たに稼働させた案件の何かが不具合を内在しているのですが、その部位を早急に特定・除去したいができないとの前提に立ち、新規案件の稼働を取りやめる（戻す）ものです。通常運用になっている状態では、既に稼働した過去の複数案件のどれに基づく障害なのかが特定できないため、新規案件の稼働時にしか使えないコンティンジェンシープランです。

B・Cタイプの実行の判断基準は、**A-1タイプの復旧策の実行時間が許容できるかどうか**になります（なお、通常は、B・Cタイプの実行後、A-1タイプを行います）。いずれにせよ、A～Cタイプの実行時間をいかに短縮できるかによって業務継続性は大きく変わります。

また、大きな新規案件の稼働において、原則としてCタイプを選択するが、ある部分について先行してA-1タイプを併用するなど、案件の特性によっては組み合わせる場合もあります。しかし、部分的にA-1タイプを採用するのは業務上の重要度が極めて高い、もしくは原因・影響が見切れていて修正も容易な場合に限られます。というのは、A-1タイプは早く復旧させなければならないという緊迫感の中で行う対策であり、そのような中では原因・影響を見切ったつもりでも実は漏れがあり、A-1タイプそのものが二次障害の原因となる危険性が高いからです。

◉案件稼働とコンティンジェンシープランのタイプ

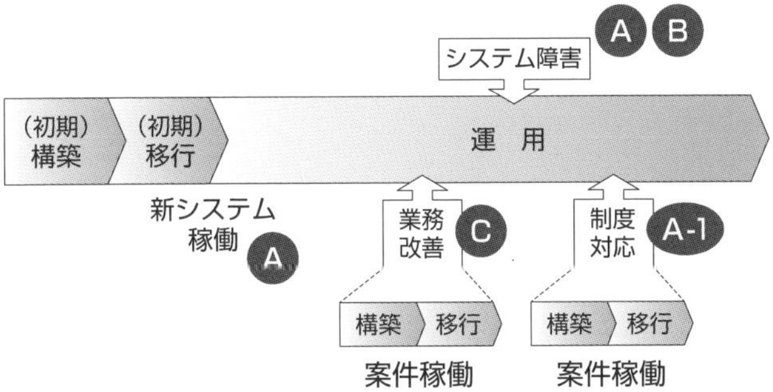

4-1-2 コンティンジェンシープラン策定のポイント

(1) コンティンジェンシープラン策定の2つの側面

コンティンジェンシープランを策定するにあたり、プランの実行手順やバックアップデータの取得方法などの「**内容面**」での検討、およびプランの発動条件・発動時の体制などの「**実行面**」での検討が必要です。検討にあたってのポイントを次ページの表に示します（詳細は(2)以降で解説します）。

◉コンティンジェンシープラン策定のポイント

内容面	復旧手順	共通	システム停止が許容できるレベルの設定、レベルごとの業務が明確か。レベルごとに停止する手順が明確か
			発動した場合のシステムへの影響の大きさは見極められているか（他システムや他プロジェクトへの影響など）
			発動に伴う外部接続先や関連システムの戻しなどの対策も用意されているか
			発動後に必要な後続作業・処理も計画され、手順は用意されているか
			復旧後の稼働確認方法や手順は明確か
			発動が失敗することを想定した代替手段もしくは前進復旧の対策は検討・準備されているか
		Aタイプ	前進復旧後の状態と作業前の状態の比較確認を行えるか（作業前状態の情報採取など）
		Cタイプ	全面的に変更前へ戻すこととしているか。やむをえず部分的な戻しとする場合は、戻す範囲は明確か
			戻しの方針・手法・手順について実績はあるか
	バックアップ		復旧に必要なバックアップは取得できているか（必要に応じて作業直前に取得しているか）
			復旧に用いるバックアップを正副構成で、あるいは異なる媒体で用意するなど、バックアップの不測の事態も想定しているか
	タイムチャート		コンティンジェンシープランの発動期限、完了期限を意識しているか
			期限までにコンティンジェンシープランが完了する時間は確保できているか
	情報採取		発動までに取得しなければならない情報は明確か。その情報を取得する手順が確立しており、時間も確保されているか
			コンティンジェンシープラン発動の効果を確認する情報は明確か
			コンティンジェンシープラン発動に伴う事後対応（連絡すべき利用者の特定の類い）に必要な情報は明確か
	検証※		コンティンジェンシープランの作業手順を開発環境などで事前検証したか
			事前検証ができない部分はなかったか
			事前検証ができないときには、ベンダー側の実績情報など、他の方法で担保できているか
実行面	発動		発動の条件は明確か
			発動の意思決定者は明確か
	承認・合意※		コンティンジェンシープランの方針、手順などについて責任者がレビュー・承認しているか
			コンティンジェンシープランおよびその発動に伴うビジネスへの影響を、委託者などの関係者と合意しているか
	体制・環境		ベンダーの立合いを含むコンティンジェンシープラン実行のための体制は確保されているか
			ハードウェア、ミドルウェアなどの製品サポートは十分な保守・支援をできる体制・契約にあるか
			社内外の関係部門・関係企業と連携が取れる準備（連絡ルート、メールやTV会議など）は整っているか
			委託者とのコミュニケーションが取れる環境（体制・TV会議など）が整っているか

※コンティンジェンシープラン発動までに終えておくタスク

(2) コンティンジェンシープランの内容面のポイント

コンティンジェンシープランの内容については、手順や確認内容、データを再作成する場合には必須となるバックアップ、実行時間が確保されたタイムチャート、後に原因追及するための発動前の情報採取などを検討しなければいけません。

●復旧手順

新規案件の稼働の場合は、**変更前の状態にすべて戻すのが原則**と考えます。やむをえず部分的な戻しとなる場合は、戻す範囲が明確でなければなりません。またいずれの場合も、**コンティンジェンシープラン発動時の業務への影響の大きさが見極められている必要があります**。特に外部接続先や関連システムなどにおいて、今回の稼働を前提に次の案件を予定している場合は、それらへも戻しの影響があり得るため、事前の調査や発動時の対策も用意しておきます。

案件稼働時でない通常の運用中においては、1-2-2で述べたようにシステム停止が許容できる業務、できない業務について委託者・受託者が合意の上、コンティンジェンシープランを策定していきます。なお、通常はできる・できないだけでなく、3～4段階程度で**業務遂行のレベル設定**を行います。言い換えると大きな業務分類でRLOを設定します。たとえば証券業務では、受注・発注・決済関連はAランク、売買監査系システムはBランク、市況情報系はCランクなどとし、Aランクは死守する、Bランクは可能な限り稼働させる、Cランクは非常時には諦めるなどです。このランクに応じて、情報システムを冗長構成にしたり、コンタクトセンターでの代替受注の準備を整えたりするなど、内容や手順を策定していきます。

●バックアップ

コンティンジェンシープラン発動時に、過去のバックアップから特定のプログラム（アプリケーション）やインフラへのパラメータ（設定値）を取り出して再適用したり、過去のデータから再計算などを行ってデータを修復したりする場合も多くあります。前述した業務のランクに応じてRPOを策定し、それに合ったバックアップが取得されていなければなりません。

また、コンティンジェンシープランの失敗や効果が得られなかった場合に備え、コンティンジェンシープランの実行前の状態に戻すために、**コンティンジ**

ェンシープランの作業直前にバックアップを取得する必要がある場合もあります。

なお、Aランク業務の場合、バックアップを正副二重に保持したり、遠隔地にコピーを保存しておいたり、ディスクとテープのように異なる媒体で保持したりするなど、**バックアップ自体の不測の事態への備え**も検討する必要があります。

●タイムチャート

通常の運用中の場合、**RTOを目指して実行します**。

新規案件の稼働の場合、サービス停止中に稼働に向けたシステムの移行作業を行うわけですが、その予定された作業時間内に、コンティンジェンシープラン発動の判断や実行時間を含めることを考慮しておく必要があります。つまり、RTOが含まれていなければなりません。

もし大がかりな作業で通常のサービス停止時間では作業時間が不足する場合は、委託者・受託者が合意の上、たとえば土・日曜日や祝日に通常のサービス停止時間を拡大（サービス再開時刻を後ろ倒し）して、作業時間を確保します。そしてサービス停止時間の拡大は、通常利用者への事前の告知が必要になりますので、通常のサービス停止時間で作業が可能かどうかの判断を前もって行う必要があります。

●情報採取

コンティンジェンシープランの発動については次項で述べるように、発動条件を策定します。いわゆる監視項目と発動条件が同じ場合は監視システムのアウトプットを見れば良いことになりますが、監視項目と前述した大分類での業務ランクはレベル感（粒度）が必ずしも一致しません。よって特定のデータ件数を確認したり、通信回線の使用率を見たりするなど、**発動条件に関連する情報の採取**が必要となります。

また、この情報採取を行うような段階にある場合は、大なり小なり不具合が発生している事態となっていることも多いでしょう。その場合、エラーになったデータ件数、コンタクトセンターへの問合せや苦情の件数など、どれくらい業務への影響が発生しているのかを測る情報の採取も必要になります。

また、コンティンジェンシープラン発動後、**その効果を確認する情報採取**が必要です。たとえば、サーバーが高負荷状態にあることに起因する処理の遅延が発生していた場合、コンティンジェンシープランの発動後、サーバーのCPU使用率を継続的に採取し、サーバーの負荷が低下したことを確認します。

さらにコンティンジェンシープランの発動時に、処理中だった処理が異常終了するかもしれません。したがって、処理中だった利用者への個別対応を行うため、たとえばIDや連絡先など**利用者を特定できる情報を採取します**。

●検証

策定したコンティンジェンシープランについて、**開発環境などで事前に検証し、効果があることを確かめておく**必要があります。なお、本番環境ではないため、通常すべてを検証はできませんが、何が検証できていないのかを明確にしなければなりません。そして、その部分については他システムで同様あるいは類似の実績がある、あるいはITパートナーなどに問い合わせて他社での同様もしくは類似の実績がある、など可能な限り裏取りを行います。それでも未検証部分が残った場合は、社内の有識者による理論検証・机上検証を行います。

(3) コンティンジェンシープランの実行面のポイント

コンティンジェンシープランを実効性があるものにするためには、プランを発動する条件、発動の決定者をあらかじめ定め、委託者と受託者などのステークホルダー間で事前に合意を得るとともに、円滑にコンティンジェンシープランを実行できる体制を準備する必要があります。

●発動

新規案件の稼働の場合は、処理やデータの整合性確認のための業務イベントやファイル内容を確認するポイントを設けておき、**どういう不具合・不整合があったらコンティンジェンシープランを発動するかを決めておきます**。通常は、時間の経過とともに何カ所かそのときの状況に応じたコンティンジェンシープランを設けることになりますが、ある時刻や状態を超えると新規案件の稼働に伴って既に業務データが発生しているなどのため、変更前の状態に戻すことができなくなります。その場合のコンティンジェンシープランは前進復旧になります。どんなときまでなら戻せるのか、どこを超えると前進復旧になるのかについては、事前にしっかりと確認・決定しておきます。

新規案件の稼働時ではない通常の運用中に発動する場合は、代行者が決断する場合も想定し、誰にでもわかりやすく設定する必要があります。たとえば受注が1分当たり300件を超えたら、受注総数が10万件に到達したら、などです。なお単一条件でなく、2～4程度の条件がAND条件かOR条件を満たした場合など、業務特性に合わせて設定することが多いです。

そして最も重要なのは**発動の決定者**です。業務遂行について責任を取れる立場であることが必要なため、通常は委託者の当該システムの責任者となります。新規案件の稼働の場合は、委託者のプロジェクト責任者・プロジェクトマネージャになります。ただし、これらの責任者の承認を事前に得た上で、障害対応にあたるプロジェクトマネージャなどに発動の権限を適切に委譲しておくことが、レジリエンスをさらに向上させるためのポイントとなります。

●承認・合意

コンティンジェンシープランの方針、手順などについて、プログラム（アプリケーション）開発担当、インフラ構築担当、運用担当、保守担当などの関係者で、前述の手順の内容や時間設定、情報採取などについて、実行にあたって無理やリスクがないかなどを総合的にレビューします。その上で**当該システムの責任者が承認を行います**。

そして事業部門に説明し、コンティンジェンシープラン発動時の業務への影響について質疑応答を行うなどして、認識合わせを行います。情報システムに関わることだから情報システム部門のみが決めることなどとせずに、業務継続のために各部門がなすべきことを自分事として捉え、認識を合わせた上で合意します。

●体制・環境

新規案件の稼働の場合は、前もってITパートナーを含む関係者による**立会体制**を組みます。機器更改やOS・ミドルウェアのバージョンアップなどの案件の場合は、突然の機器交換などがあり得ますので、それが通常結んでいるサポート契約の範囲で行えるのか、事前に追加しておくべき特別サポートになるのかなどについて確認し、必要に応じて追加契約などを行っておきます。

また、営業部門や委託者とスムーズに連絡できるよう、連絡先や方法が併記された体制図などを準備します。案件によっては常時接続したTV会議システムの用意も必要かもしれません。

新規案件の稼働時ではない通常の運用中のシステム障害は、運用担当からの緊急連絡など、体制・環境においては新規案件の稼働時と共通する検討事項も多いのですが、この障害は突発事象であるため、あらかじめ体制を敷いておくことができません。障害対応は緊急招集により開始されるため、障害検知からの初動がまず大きなポイントとなります。

新聞報道された障害において、「こんな大きな障害になるとは想定できなかった。その結果、上層部への連絡が遅れた」などという発言を見かけることがあります。初動が遅いシステム障害対応は、影響・被害を広げ、復旧策も高難度化し、レピュテーションリスクが顕在化しやすくなります。

大事に至らずとも「夜中に緊急招集されて集まってみたが、大した障害じゃなかった。もう少し調査・判断してからエスカレーションしてほしい」と現場に要望するのではなく、「夜中に緊急招集されて集まったが、大した障害じゃなくて良かった」と言えるような、業務継続やレピュテーションリスクの顕在化防止を重視し、そのために行われる一切の行為を許容・称賛する組織風土の醸成が、経営層に求められる課題ではないでしょうか。

(4) コンティンジェンシープランの見直し

コンティンジェンシープランは、**外部環境やビジネスの変化などを踏まえて適宜見直しを行うことで、実効性を保ち続けることができます**。たとえば、次のようなことを契機にコンティンジェンシープランを見直すことが有効です。

- 業務・サービスの棚卸しに伴う中核業務の見直し
- 中核業務の機能の追加または削除
- 人事異動などによるコンティンジェンシープラン発動時の体制変更
- 障害訓練

4-2

コンティンジェンシープラン策定の実際

4-2-1　コンティンジェンシープランのタイプ別の特徴

前節では、コンティンジェンシープランの種類と適用場面について全体像を説明してきました。本節では、5つのタイプのコンティンジェンシープランについて、それぞれの特徴を説明していきます。

◉コンティンジェンシープランのタイプ別サマリ

<table>
<tr><th colspan="2" rowspan="2">コンティンジェンシープランのタイプ</th><th colspan="2">適した対象</th><th rowspan="2">RLO</th><th rowspan="2">RTO</th><th rowspan="2">適用事象例</th></tr>
<tr><th>既存システム</th><th>新規案件稼働</th></tr>
<tr><td>A-1</td><td>障害部位の原因を恒久的に除去する</td><td colspan="2" rowspan="4">適用可能</td><td>高い</td><td>長い</td><td>機能障害</td></tr>
<tr><td>A-2</td><td>障害部位を暫定的に復旧する</td><td>高い</td><td>短い</td><td>メモリリークによるアプリケーションの異常終了</td></tr>
<tr><td>B-1</td><td>範囲を縮小して中核業務を守る</td><td>やや低い</td><td>やや短い</td><td>アクセス数の増加による性能劣化</td></tr>
<tr><td>B-2</td><td>別の手段により業務・サービスを継続する</td><td>やや低い</td><td>やや短い</td><td>通信ミドルウェアの不具合によるインターネット接続エラー</td></tr>
<tr><td>C</td><td>変更前の業務・サービスに戻す</td><td>不可</td><td>可能</td><td>低いが変更前を維持</td><td>短い</td><td>新規稼働案件の不具合</td></tr>
</table>

※RLO、RTOの「高い／低い」「長い／短い」は、各タイプの相対的比較

(1)　A-1タイプ：障害部位の原因を恒久的に除去する

プログラムやパラメータの設定の誤りを、システムが正しく機能するように緊急で修正するタイプです。前に進むことでしか解決できないことから「前進復旧」とも呼ばれます。たとえば、新システムの立上げで「変更前」が存在しないケース、法務・税務などの法改正に対するシステム対応の不具合などに伴い、修正しないとシステム要件を満たせないケースなどで採用します。

A-1タイプは、本来の機能を復旧するタイプのため、他のタイプと比較してRLOは最も高いです。しかし、発生したシステム障害に対してその場で対策を検討し、検証した上で実行することになるため、RTOは他よりも長くなります。これを回避すべくRTOを短くしようとするあまり、たとえば検証作業を簡略化すると、二次障害を誘発する可能性が高くなってしまうため、慎重な対応が必要です。

また、起こる障害を予見した上でのコンティンジェンシープランではないため、どんな障害が発生しても対策を検討・実行できるように、あらかじめ担当業務の分野ごとに緊急対応時の体制・要員を定めておき、障害発生時は速やかに集合して対応できるようにします。別の言い方をすれば、「**障害を体制でねじ伏せる**」イメージです。

⑵ A-2タイプ：障害部位を暫定的に復旧する

OS・ミドルウェア・アプリケーションの再起動により、暫定的に復旧を図るタイプです。たとえば、メモリリーク*が発生した際にOSやミドルウェアを再起動するケースで採用します。再起動することでメモリ領域がリセットされ、障害状態から復旧します。メモリリーク以外でも、OSのハングアップなど、類似の障害でも機能を復旧できることから、原因究明に時間を要する場合の暫定策として採用されることが多いです。

A-2タイプは、再起動中は一時的なシステム停止となりますが、本来の機能を復旧できるためRLOはA-1タイプと同様に高く、必要な作業は再起動のみであるためRTOは他のタイプよりも短くなります。なお、障害原因の恒久的な除去を行っていないため、障害が再発する可能性があります。A-2タイプを採用する場合は、**一度復旧した後も、再発に備えて復旧体制を維持すること**が必須です。

用語　メモリリーク

不具合により、使われなくなったメモリ領域が使われているかのように扱われてしまうこと。時間の経過とともに使用可能なメモリ領域が枯渇するため、性能の劣化やシステム停止を引き起こす場合がある。

⑶ B-1タイプ：範囲を縮小して中核業務を守る

非中核的な業務・サービスを停止することで、中核的な業務・サービスを守るタイプです。たとえば、株式注文システムがアクセスの増加により全体的に性能劣化した際に、銘柄時価問合せサービスを停止して処理の負荷を下げ、受注サービスの性能を改善・維持する、といったケースで採用します。一部の業務を停止するため、RLOはAタイプよりも低くなるものの、策定したコンティンジェンシープランを事前に訓練しておくことでRTOを短くできます。

⑷ B-2タイプ：別の手段により業務・サービスを継続する

従来の手段による業務・サービスをいったん停止し、別の手段によりその業務・サービスを継続するタイプです。たとえば、通信ミドルウェア・通信回線などの障害によりインターネットでの注文受付を行えなくなった際に、コンタクトセンターでの電話による受付に切り替えるケースで採用します。

従来とは異なる手段で業務・サービスを継続するため、RLOはAタイプよりもやや低くなる可能性があります。というのは、実現手段によっては機能は維持されるものの、処理スピードが遅くなったり、利用者に不便をかけたりする可能性があるからです。

その一方、事前に策定したコンティンジェンシープランを訓練しておくことにより、RTOを短くできます。ただし、あらかじめ別の手段を実現するための情報システム、ファシリティ、要員を準備しておく必要があります。

⑸ Cタイプ：変更前の業務・サービスに戻す

新規案件稼働のため、既に稼働しているシステムに対して何らかの変更を行った際に不具合が発生し、変更前の状態に戻すタイプです。たとえば、インターネットでの注文サービスに対してレコメンド機能を追加したが、想定通りに機能しなかった場合、レコメンド機能の稼働を断念し、機能追加前の状態に戻す、といったケースで採用します。

変更したかった業務・サービスを提供できないことにはなりますが、もともと正常に稼働していた状態に戻す方法のため、RLOは変更前の状態を維持でき、RTOも比較的短くて済みます。

ただし、Cタイプは、**新規案件の稼働時に障害が発生した場合にのみ採用可能**です。それは、運用中のシステムがしばらく無事に稼働してきた場合、最新

◉Cタイプのイメージ図

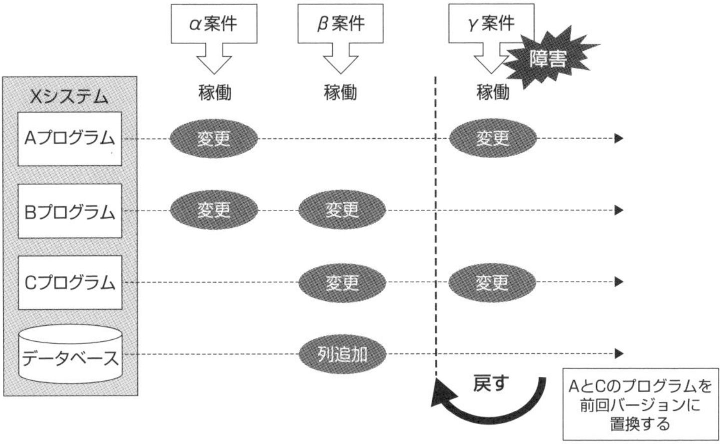

の変更案件（下図のβ案件）がその障害の原因とは言い切れず、戻しの効果が疑わしいからです。さらにβ案件でデータベースのデータ項目（列）の追加を行っており、これを参照する前提で他のシステムがその後稼働していた場合、戻すとそのシステムが稼働できなくなってしまいます。

稼働後、運用フェーズになるとさまざまな変更によってシステム環境が変化していくため、このコンティンジェンシープランは採用できないのです。

◉Cタイプが採用できないケース

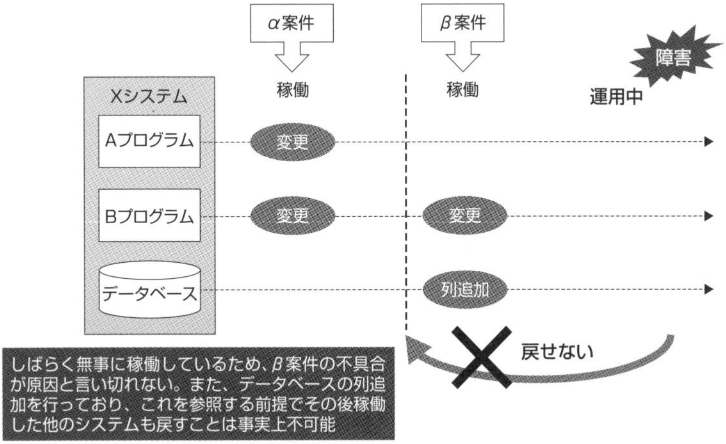

4-2-2 コンティンジェンシープランの発動の実際

どのコンティンジェンシープランを発動するかを判断するにあたり、まず、発生した事象の詳細、CPU・メモリなどのリソース使用率の現在値、ログから推定したミドルウェアやアプリケーションの挙動、対外接続先との接続状況などの情報を採取します。

そして、それらの情報を整理・分析し、システム内で何が起きているのか、どこに問題があるのかをある程度突き止めた上で、**対象業務の重要度、および求められるRTO・RLOを総合的に勘案し、決定します**。実際のシステム障害対応においては、あるコンティンジェンシープランのみを画一的に発動するのではなく、障害の状況や影響に応じて、ある事象にはA-1タイプ、ある事象にはB-2タイプなど複数のコンティンジェンシープランを組み合わせることも多くあります。

ここからは、各タイプのコンティンジェンシープランの発動が決定された後の動きを、タイプ別に具体例を交えつつ解説していきます。

なお、例に共通する前提は下表の通りです。

◉具体例に共通する前提事項

業務の委託状況	情報システム部門は、構築（設計・開発）業務および運用・保守業務をITパートナーに委託している
委託者側のシステム障害対応	• コンティンジェンシープラン発動の最終判断 • コンティンジェンシープラン内の、業務画面を用いた確認、ホームページへの情報公開、状況説明・再操作依頼などの利用者への個別対応
受託者側のシステム障害対応	• システム内部の調査、原因究明、対策立案などを行い、それらの経過・結果の委託者への報告・提案 • 委託者の指示に基づき、コンティンジェンシープラン内の機能やサービスの停止、データの修復など、システム内部の各種作業
（作業上の制約）	受託者は、本番環境で稼働しているシステムについて運用者・保守者としての権限を有しているが、たとえば業務画面の利用のような利用者・委託者としての権限を有していない。したがって、システム内部のログやデータベースなどに対して委託者の承認の下、作業できるが、業務画面の操作はできない

◉関係者の表現（再掲）

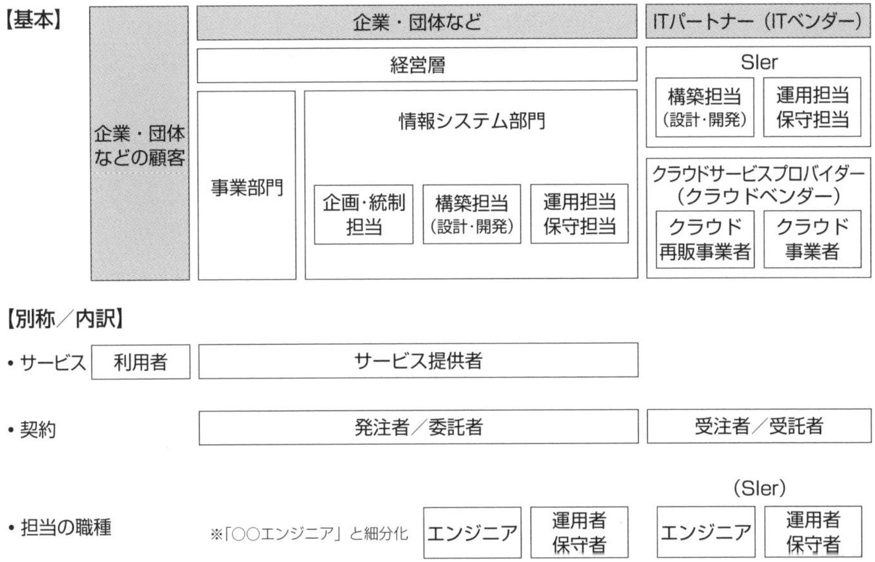

4-2-3　範囲を縮小して中核業務を守る（B-1タイプ）

⑴　対象事例の概要

証券取引は、政治・経済情勢の急変に伴って投資家の注文が殺到するケースが少なくありません。その結果、ネット証券取引システムでサーバーから利用者への応答が著しく遅延すること、場合によってはネット証券取引システムがシステム停止に至ることも十分あり得ます。このため、非中核業務を停止することでシステムリソースの余裕を確保し、中核業務を守るケースを考えます。

このようなケースを想定したコンティンジェンシープランの例を説明します。事例の概要は、次ページの表の通りです。

◉対象事例の概要

対　象	ネット証券取引システム
中核業務	利用者からの株式注文の受注、取引所への注文執行
非中核業務	•チャットボットを用いた銘柄情報の自動配信 •証券アナリストレポートによる購入銘柄の検討支援　など
発生障害と想定原因	•株式注文の殺到に伴い、サーバーへのアクセスが極度に集中 •その結果、サーバーが高負荷となり、利用者への応答が著しく遅延
障害影響	•利用者が本来行いたいと考えていた証券取引注文のタイミングがずれてしまい、その結果、利用者に損失が発生してしまう •放置した場合、証券取引注文自体ができなくなってしまう
発動の経緯	•コンタクトセンターへの問合せ・苦情が多発 •監視によって重要警戒メッセージ（リソース使用率75%）に続き、危険メッセージ（同90%）が発報 •アクセス数の急増を委託者・受託者双方で確認できたため、コンティンジェンシープランを発動

◉対象事例のイメージ図

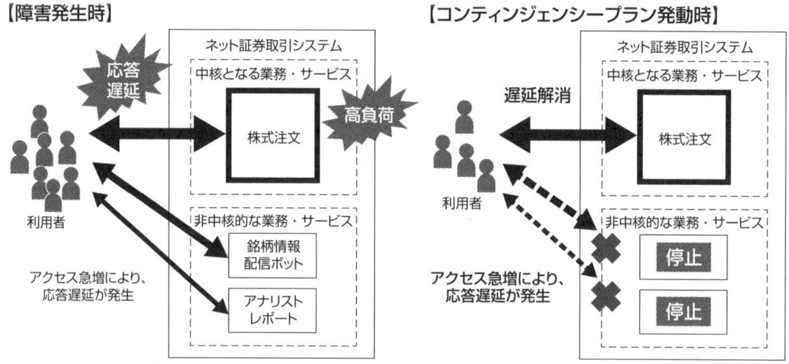

(2)　コンティンジェンシープランの内容

本項のコンティンジェンシープランは、大別すると「**非中核的な業務・サービスの停止**」と「**中核となる業務・サービスが正常に稼働することの確認**」「**事後対応**」の3つのプロセスから構成されます。以下、策定のポイント別に詳細を述べます。

◉復旧手順

【非中核的な業務・サービスの停止】

委託者	受託者
①コンティンジェンシープラン発動を受託者に指示	②トップメニューを非中核業務へのリンクがないメニューに差替え ③非中核業務機能を停止
④停止した画面が利用できないことを確認	⑤停止したサービスの利用者数がゼロになっていることを確認
⑥非中核業務を停止した旨の「お知らせ」をホームページに掲載	――
⑦コンタクトセンターに、非中核業務を停止した旨を連絡	――

※実際には④～⑦は並行して行われることが多い

【中核となる業務・サービスの正常稼働確認】

委託者	受託者
①利用者からの株式注文を受注できていることを双方で確認	
②取引所に注文を執行できていることを双方で確認	
――	③サーバーの高負荷が解消したことを確認、委託者に第一報として連絡
④停止作業中も受注・注文執行ができていたかを双方で確認、受託者は委託者に第二報として連絡	

【事後対応】

委託者	受託者
①問い合わせてきた利用者に対し、内容に応じて個別に対応	――
②取引所の取引終了後に、非中核業務の再開を受託者に指示	③トップメニューを非中核業務へのリンクがある本来のメニューに差し替え、非中核業務機能を再開、これらの結果を確認
④再開した画面が利用できることを確認	⑤再開したサービスの利用者数が増加していることを確認
⑥非中核業務を再開する旨の「お知らせ」をホームページに掲載	――
⑦コンタクトセンターに非中核業務を再開する旨を連絡	――

※実際には⑥・⑦は並行して行われることが多い

タイムチャート

【非中核的な業務・サービスの停止】

・コンティンジェンシープラン発動から「○○分以内」を目標とする

【中核となる業務・サービスの正常稼働確認】

・非中核的な業務・サービスの停止後に第一報を「○○分以内」、第二報を「○○分以内」を目標とする

【事後対応】

・非中核的な業務・サービスの再開指示から「○○分以内」を目標とする

情報採取

【中核となる業務・サービスの正常稼働確認】

・データベースに記録されている注文件数

・データベースの注文データについて、「取引所執行済」「約定（取引成立）済」など、ステータスが正常であることを確認

・ログ内のエラーメッセージの有無

・サーバーのリソース使用率

【事後対応】

・ログから、非中核業務の利用者数

補足

【事前に準備しておくべき事項】

ネット証券取引システムにおいて、以下の機能があらかじめ開発されていること

・非中核業務へのリンクがないネット証券取引システムのトップメニュー（画面）

・非中核業務のサーバープログラムを停止するための、受託者が用いるコマンドあるいは運用管理画面

4-2-4　別の手段により業務・サービスを継続する（B-2タイプ）

(1)　対象事例の概要

昨今の業務のデジタル化の進展に伴い、口座開設の申込みをタブレット端末で受け付ける金融機関が増えています。利用者は申込書に手書きで住所・氏名などを記入する手間がなくなり、金融機関はペーパレスによるコスト削減・事務作業の負担軽減を図ることができます。このタブレット端末での口座開設申

込受付に障害が発生した場合、利用者は口座を開設できず、口座開設後に行う予定だった投資信託・債券などの購入ができなくなります。このため代替業務として書面で口座開設の申込みを受け付けることで業務を継続するケースを考えます。このケースにおけるコンティンジェンシープランの例を説明します。事例の概要は、下表の通りです。

◉対象事例の概要

対　象	タブレット端末での口座開設申込受付
通常業務	タブレットシステムで口座を開設（申込情報が基幹系システムに連携されることで、口座開設が完了）
発生障害と想定原因	タブレットシステム内のミドルウェアに不具合があり、タブレット端末に口座開設申込画面が表示されない
障害影響	• 利用者が口座を開設できない • 口座開設を前提とした投資商品の購入ができない
代替業務	• 紙の口座開設申込書で受付 • 営業員が口座開設申込書の記入内容に不備がないこと、法定要件・社内規程を満たしていることを確認した後、事務担当者が基幹系システムへ登録することで口座開設を完了
発動の経緯	• 支店・営業所から事業部門経由で情報システム担当に口座開設を行えない旨の問合せが多数発生 • 情報採取による調査・分析を行ったが原因を特定できず、復旧の目途が立たないためコンティンジェンシープランを発動

◉対象事例のイメージ図

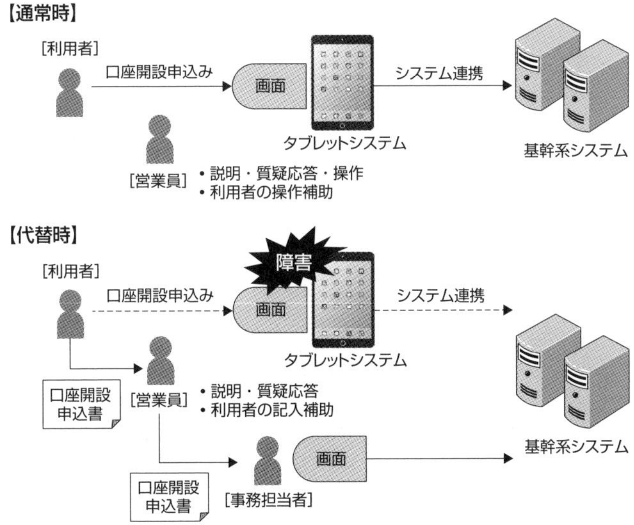

(2) コンティンジェンシープランの内容

本項のコンティンジェンシープランは、大別すると「**通常の手段による業務・サービスの停止**」「**代替手段による業務・サービスへの切替**」「**事後作業**」の3つのプロセスから構成されます。以下、策定のポイント別に詳細を述べます。

●復旧手順

【通常の手段による業務・サービスの停止】

委託者	受託者
①コンティンジェンシープランの発動を受託者に指示	②タブレットシステムを停止
③受託者の作業の結果、タブレットシステムを利用できなくなったことを確認	④タブレットシステムと基幹系システム間の接続断を確認

【代替手段による業務・サービスへの切替】

委託者	受託者
①全支店・営業所に代替業務への切替をアナウンス	――
②各支店・営業所で口座開設申込書による受付業務を開始	③代替手段による口座開設業務でも、基幹系システムで口座が登録されていることを確認

【事後作業】

委託者	受託者
②口座開設申込みデータが、基幹系システムに送信されずにタブレットシステム内に滞留していた場合、口座開設の申込内容を基幹系システムへ登録	①タブレットシステム停止前に受け付けた口座開設申込みデータが、タブレットシステム内に滞留していないかを確認
――	③タブレットシステムの復旧前に、未送信になっていた口座開設申込みデータを消去

タイムチャート

【通常の手段による業務・サービスの停止】

・コンティンジェンシープラン発動から「○○分以内」を目標とする

【代替手段による業務・サービスへの切替】

・タブレットシステム停止後「○○分以内」を目標とする

情報採取

【通常の手段による業務・サービスの停止】

・タブレットシステムから基幹系システムへ送信されていない口座開設申込みデータの有無と未送信件数

【代替手段による業務・サービスへの切替】

・基幹系システムのデータベースに記録されている口座開設件数

・ログ内のエラーメッセージの有無

補足

【事前に準備しておくべき事項】

・タブレットシステムを停止するための受託者が用いるコマンドあるいは運用管理画面があらかじめ開発されていること

・基幹系システムに口座開設の申込み機能があらかじめ開発されていること

・口座開設申込書が各支店・営業所に配布されていること

【システム保守における注意事項】

タブレットシステムは、基幹系システムに既に口座開設の申込み機能があり、ペーパレスによるコスト削減や事務作業の負担軽減のため、追加導入することが多いです。この例では、既存の基幹系システムの機能を利用することをコンティンジェンシープランとしています。

この場合、利用者が口座を開設する上での法定要件・社内規程を満たしているか、といったチェック機能が、タブレットシステムと基幹系システムの2カ

◉代替機能の構成管理の必要性

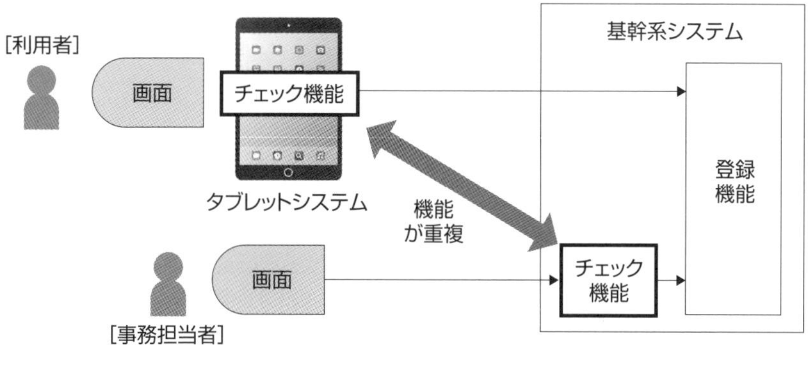

所に存在することになります。そのため、その後の機能変更時の対応漏れが発生しないよう、構成管理をしっかりと行う必要があります。

4-2-5　変更前の業務・サービスに戻す（Cタイプ）

(1)　対象事例の概要

新業務・サービスを提供する場合、大別すると2つのリスクがあります。ひとつは、稼働させた新業務・サービスが想定通りに機能しないリスク、もうひとつは新業務・サービスのための変更が何らかの影響を与えてしまい、**既存の業務・サービスが以前と同様に機能しなくなるリスク**です。

テストが十分に行われ、システム移行も慎重に行われた上で稼働したシステムの障害は、想定外の何らかの事象が発生しています。この場合、障害の原因を調査・特定し、直ちに修復して復旧させることは高難度の作業で、RTOも長くなり、業務・サービスの停止の影響が大きくなる可能性が高いものです。

そこで新業務・サービスの提供を見送り、既存の業務を安全に継続させるためのコンティンジェンシープランが「**変更前の業務・サービスへの戻し**」です。

このプランは、予定していた新業務・サービスに何らかの不具合が内在していた、あるいは既存の業務・サービスとの関係から不具合が誘発されたと捉え、その原因となる新業務・サービスを中止（除去）するものです。そのため、システムの変更時に不具合が発生した場合にのみ有効な手段ですが、**特に法改正へのシステム対応には適用できないことについて注意が必要**です。というのは変更前の状態に戻してしまうと、法改正に対応していない状態でサービスを提供することとなり、そもそもの要件を満たせなくなってしまうからです。

また、Cタイプはシステムの変更時にのみ適用できるタイプのため、訓練は後述する障害訓練（第5章参照）ではなく、システム移行のリハーサル（2-2-5参照）の中で行う点が他のタイプと異なります。

以下、証券会社が個人顧客向けに、新たな執行条件付きの株式注文サービスの提供を開始する際に障害が発生した場合を想定し、コンティンジェンシープラン策定の例を説明します。この「新たな執行条件付きの株式注文サービス」は、たとえば指定した株価以上になったら買い付ける「逆指値注文」などが該当します。このサービスをこれ以降「新執行条件指定機能」と記載します。

事例の概要は、次ページの表の通りです。

◉対象事例の概要

対　象	ネット証券取引システム
中核業務	利用者からの株式注文の受注、取引所への注文執行
発生障害と想定原因	新執行条件指定機能注文サービスのために修正した既存プログラムの不具合によって、通常の注文受付ができなくなる
障害影響	通常の株式注文が受け付けられない
発動の経緯	• 一般の利用者に対するサービスを行っていない時間帯に、新執行条件指定機能注文サービスを追加するためのシステム移行作業を実行 • その後、稼働日特別運用（下図「対象事例タイムチャート」を参照）で計画停止時間を延長し、株式注文サービス開始以前に委託者・受託者双方の立会いによる稼働確認を行ったところ、不具合を発見 • 原因調査を行ったが、サービス開始までに復旧することが困難と考えられたため、サービス開始前にコンティンジェンシープランを発動
（補足）	• 通常は、株式注文受付サービスは日曜日23時に終了し、月曜日 4 時から再開される • 新執行条件指定機能の追加におけるシステム移行計画の策定において、システム移行時間と万一の際の戻し作業時間を考慮し、サービス開始時刻を 2 時間遅らせて6時とすることを委託者・受託者間で合意している

◉対象事例タイムチャート

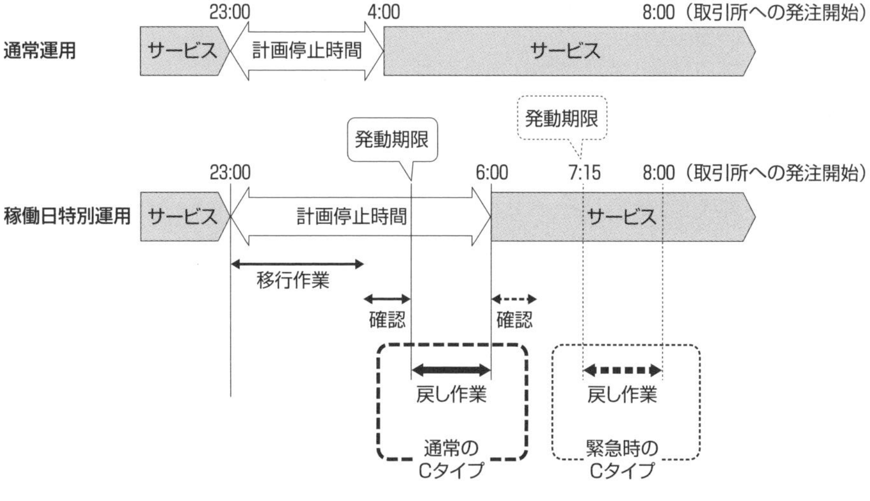

※障害の内容や影響度、受注状況によっては受注サービス開始時刻以降（最遅7:15）でも発動可能な場合もある。ただし、かなりリスクが高い作業であるため、あくまでも緊急時の手段である

(2) コンティンジェンシープランの内容

本項のコンティンジェンシープランは、大別すると「**戻し作業**」と「**事後作業**」の2つのプロセスから構成されます。以下、策定のポイント別に詳細を述べます。また、他のタイプと異なる留意事項についても触れます。

◉復旧手順

【戻し作業】

委託者	受託者
①コンティンジェンシープランの発動を受託者に指示	②変更したプログラム、パラメータ（設定値）、データベースで追加した、データ項目（列）を戻す作業の実行
③サービスの正常稼働を確認	④システムの正常稼働を確認

※実際には③・④は並行して行われることが多い

【事後作業】

委託者	受託者
①サービス開始後、通常の株式注文を受け付けられていることを画面の打鍵により確認	②サービス開始後、通常の株式注文を受け付けられていることをログ・データから確認

バックアップ

変更前の状態にすべて戻すため、プログラムやデータを復旧すべきポイント、すなわちシステムの変更直前の時点まで復元しなければなりません。

新執行条件指定機能を追加する前のプログラムに戻すため、運用によって定期的に取得されている各種バックアップの中から、該当するプログラムを取り出して置換します。

データベースについては、データ項目（列）を追加している場合、運用によって定期的に取得されている各種バックアップの中から、データベースの定義情報、受注データを取り出して置換（リロード）することになります。

なお、運用で定期的に取得されているバックアップでは不十分な場合は、移行計画策定時に追加のバックアップを取得する手順を用意しておく必要があります。

タイムチャート

【戻し作業】

・コンティンジェンシープラン発動から「○○分以内」を目標とする

【事後作業】

・コンティンジェンシープラン発動から「○○分以内」を目標とする

【発動期限の設定の考え方】

前述のタイムチャートに記載の通り、コンティンジェンシープランの発動の最遅期限を、サービス開始時刻（6:00）から逆算して決定します。たとえば戻しの作業時間に45分必要だとすると、予備を含めて1時間とし、発動期限を5:00と設定します。

情報採取

【事後作業】

・取引所への注文件数

・ログ内の正常処理受付のメッセージ

発動

今回の例では、立会いにおけるサービス開始直前の稼働確認中に不具合を発見し、コンティンジェンシープランを発動したケースを記載しています。この例では、発動期限が5:00となっていますが、このようにコンティンジェンシープランにはいわば“**消費期限**”があり、それを過ぎてしまうと使えなくなると考えてください。

実際の新規案件稼働の際は、担当者は稼働させなければならないとの責務感から、発動期限ぎりぎりまで何とか稼働できないかと頑張ってしまう傾向があります。しかし発動期限を過ぎると、通常は、前進復旧のA-1タイプを採用することになり、障害対応の難易度が上がってしまいます。よって後述する体制（4-2-6参照）の「全体統制」（通常は、当該システムの責任者）が、冷静にきっぱりと戻しの決断をする必要があります。

なお、サービス開始後でも、当該サービスのデータが発生していない場合や発生していてもごく少数だった場合、戻しができるケースがごくまれにあります。しかし、この際の戻しは、リスクが極めて高い作業になるため、緊急時の手段とし、通常は行いません。

体制・環境

Cタイプのコンティンジェンシープランを発動するタイミングは新規案件稼働時に限定されるため、移行計画策定時に担当者を具体的に定めた体制を決定しておける点が他のタイプと異なります。

補足

【システムの正常稼働確認】

Cタイプは既存の業務を安全に継続させるためのコンティンジェンシープランであるため、変更前の業務・サービスが正しく機能するように戻ったことを確認する必要があります。ただし、既存業務は極めて広範囲にわたります。

そこであらかじめ、注文システム、決済システムなどの**システムごとに正常稼働していると判断できる基準（ベーシックな機能の挙動）を決めておく**必要があります。たとえばネット証券システムであれば、ログインできること、株式の注文画面が起動できること、銘柄問合せで時価が自動更新表示されること、保有株式の一覧が表示されることなどです。

これは後述する体制（4-2-6参照）の「サービス確認係」が、システムの復旧を確認する手順・方法の一部に該当します。

【Cタイプを成り立たせるための注意事項】

Cタイプを可能にするためには、2つの注意事項があります。

ひとつは、**戻しを実行した際に、同時に変更している他のシステムや対外接続先にどのような影響が生じるかを事前に確認し、対策を立てておくこと**です。たとえば、対外接続先システムの変更が「新機能の追加」の場合は、自システム側を戻し、その新機能の利用を諦めることで既存機能を守ることができる状態になります。ただし、インターフェイスやプロトコルが修正されている場合、対外接続先はその他の利用者がいることなどから、戻しが実行できないことが大半です。そうなるとCタイプは使えず、A-1タイプ（前進復旧）しか選択できません。概要設計時に対外接続の変更の内容・特徴を十分に把握し、他のコンティンジェンシープランを検討しておく必要があります。

もうひとつは、**同一のプログラム（アプリケーション）やデータなどのリソースに、複数の案件による変更が重ならないように案件稼働のタイミングを調整しておくこと**です。たとえば、新執行条件指定機能の追加案件と同日に法改正の案件が重なり、新執行条件指定機能が障害になった場合、法改正対応は取りやめるわけにはいかないため、これもCタイプは使えず、A-1タイプ（前進復旧）しか選択できません。このようなことにならないように、概要設計時に、稼働が同タイミングとなる案件の有無やその変更対象や変更内容を把握し、稼働タイミングが重複しないよう、案件の稼働日を調整しておきましょう。

◉複数の案件を重ねて稼働させる欠点

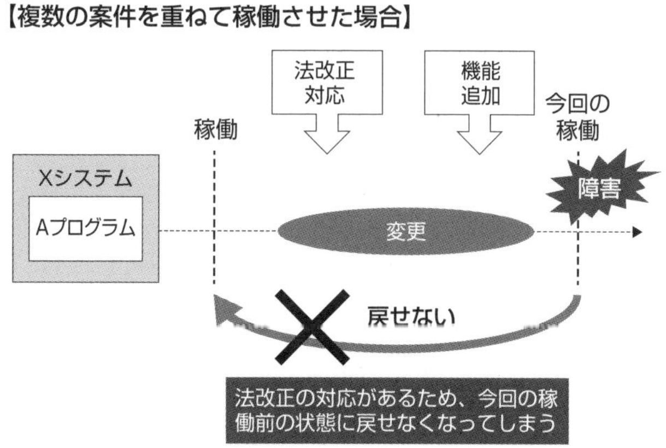

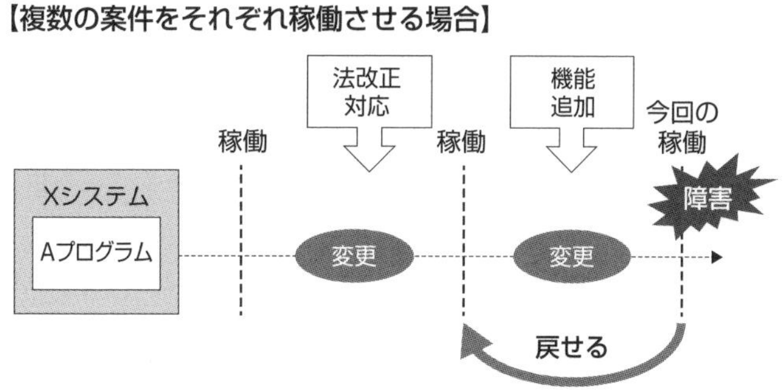

4-2-6 コンティンジェンシープランの実行に必要な体制

コンティンジェンシープランを実行するために必要な体制は、どのタイプでも基本的には同様です。以下、必要な体制の考え方、各担当者の役割について説明します。

(1) 必要な体制の考え方

コンティンジェンシープランの実行に備え、**障害発生時のリスク許容度とリカバリー難易度を考慮して体制を組む**必要があります。開発規模と障害時の影響は必ずしも比例せず、たった1行のプログラム変更でも大規模なシステム障害に至る可能性があります。情報システムで実現している「業務」に障害が発生した場合の影響を念頭に、迅速に復旧できる体制を準備することが必要であり、そのためにはシステム開発時の規模以上の体制が必要になる場合もあります。

◉コンティンジェンシープラン実行に備えた体制図

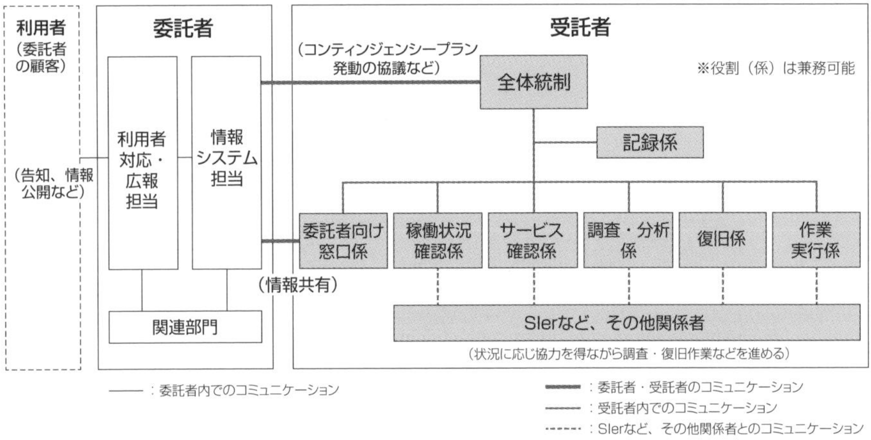

(2) 各担当者の役割（委託者）

コンティンジェンシープランの実行に際し、委託者側に必要な役割は次ページの表の通りです。役割ごとに説明します。

◉コンティンジェンシープランの役割（委託者）

役　割	内　容
情報システム担当	• 受託者から得た材料をもとに、発動条件と照らし合わせ、コンティンジェンシープランを発動（必要に応じて関連部門や経営層と協議） • 利用者対応・広報担当、関連部門へ各種連絡 • サービスの提供状況を確認
利用者対応・広報担当	• 利用者向けの「お知らせ」ページなどへ障害状況を掲載 • 個々の利用者への説明などの個別対応 • 障害の状況や影響範囲などをホームページなどで公開

●情報システム担当

受託者からの報告や受託者との質疑応答結果に基づき、障害の状況や影響範囲を把握し、定められた発動条件と照らし合わせ、コンティンジェンシープランの発動を判断します。なお、A-1タイプ（前進復旧）のコンティンジェンシープランを行わざるを得ない障害では、発生直後は業務への影響や復旧の目途が判明していないケースが多いため、関連部門や経営層と密に連絡を取りながら、対応を進める場合もあります。

また、利用者対応・広報担当や、支店・コンタクトセンターなどの関連部門に、障害対応の状況やコンティンジェンシープランの発動などをタイムリーに連絡します。

前述の障害影響の把握や、コンティンジェンシープラン発動後の状況確認のため、画面操作などにより利用者へのサービス提供状況を確認します。

●利用者対応・広報担当

情報システム担当からのコンティンジェンシープランの発動の連絡に基づき、定められている次のことを実行します。

・障害が発生しているシステムに設けられた利用者向けの「お知らせ」ページなどへ、障害の状況や影響範囲、代替手段、復旧の目途を掲載
・与えた影響に応じて、個々の利用者への説明などの個別対応
・障害の社会的影響を鑑み、情報公開を行う手順となっている場合には、ホームページなどで障害の状況や影響範囲を公開

(3) 各担当者の役割（受託者）

コンティンジェンシープランの実行に際し、受託者側に必要な役割は下表の通りです。全体統制以外は、障害の影響度・緊急度や要員の状況に応じて兼任とする場合もあります。以下、役割ごとに説明します。

◉コンティンジェンシープランの役割（受託者）

役割	内容
全体統制	確認状況、問合せの発生・回答状況、障害の発生状況・影響を把握し、各種判断や指示を行う
記録係	事象、作業、問合受付・回答などを時系列に記録
委託者向け窓口係	•問合せの受付・回答 •委託者側の状況確認 •委託者への操作依頼
稼働状況確認係	システムの稼働状況を確認
サービス確認係	サービスの提供状況を確認
調査・分析係	ログやデータなどの調査・分析
復旧係	コンティンジェンシープランの作業指示あるいは新たな復旧策の考案
作業実行係	コンティンジェンシープランの実行や復旧作業

●全体統制

さまざまな役割の中で、全体統制が最も重要な役割です。ここに発生している事象の確認状況、利用者からの問合せと回答、障害の影響など、すべての情報が集まり、さまざまな判断やそれに基づく指示を出せるようにします。

通常、当該システムの責任者であったり、副責任者を含む少数名であったりします。

●記録係

発生した事象、実行した各種作業、問合せの内容・回答などを時系列に記録します。記録した情報は、コンティンジェンシープランの関係者が参照できるようにしておきます。チャットツールやWeb会議を活用して、可能な限りオンラインで、正確かつ迅速に情報共有できるようにしましょう。

●委託者向け窓口係

システム障害時は、受託者側には委託者の情報システム担当とのやりとりを専任で行う窓口が必要です。この窓口を通じて委託者からの問合せ・指示の受領、委託者への作業の依頼などを行います。

受託者は、委託者が一部の業務の停止や利用者への告知などの重大な判断を行うための唯一の情報提供者であることを強く自覚しなければなりません。この窓口を通じて、委託者に対し、把握している状況・事実の正確な伝達や、不明な点について調査所要時間の目安の伝達など、委託者の判断に資する迅速な情報提供が行われなければなりません。

●稼働状況確認係

障害発生時やコンティンジェンシープラン実行後に、ログの参照・ファイルの閲覧などにより、システムの稼働状況を確認し、内容を全体統制に報告します。

●サービス確認係

障害発生時やコンティンジェンシープラン実行後に、インターネット経由で利用者の立場に立った画面操作を行い、サービスの提供状況を確認し、結果を全体統制に報告します。

●調査・分析係

委託者から問合せがあった場合や、エラーメッセージの発報があった場合、ログやデータの内容を調査し、事象や障害原因の分析を行います。

●復旧係

復旧係は、障害状況を踏まえてどのコンティンジェンシープランを採用すべきかを全体統制に対して進言します。また、何らかの理由によりコンティンジェンシープランが使えない場合は、新たな復旧策（A-1タイプ：前進復旧）を考案し、全体統制に提案します。

発動決定後は、作業実行係に対して実行を指示します。

●作業実行係

作業実行係は、指示されたコンティンジェンシープランや新たな復旧策を実行します。

Column

「子供のサッカーのようだ」

2005年頃、ネット証券取引システムの品質向上策として、サービスを継続する観点から、①止まりにくい構成・構造、②他社製品（SW/HW）の把握、③障害の早期発見と迅速な対処を目指して対策を行いました。このときの対策が、後に拡充、標準化され、「運用中心フレームワーク」となりましたが、その中の「実施体制の留意点」という条項が、本項のもととなっています。

当時、システム障害が起きると誰もが原因究明に走ってしまい、「ボールに皆が集まってしまう子供のサッカーのようだ」と評されたこともありましたが、本項のように障害発生時の役割分担の明確化を行い、障害訓練も行うことで、効率的に対処できるようになりました。

4-2-7 ステークホルダー間の迅速かつ正確な情報共有・公開

⑴ 情報共有・公開の重要性

いずれのタイプのコンティンジェンシープランであっても、情報共有・公開は、システム障害による影響範囲の拡大や影響度合いの深刻化を防ぐ有効な手立てです。情報共有・公開は、**コンティンジェンシープランの関係者における情報共有**と、**利用者への情報公開**に大別できます。

コンティンジェンシープランの関係者における情報共有は、正確な情報の収集、および収集した情報による障害への対応方針を正しく策定するためのベースとなるものです。また、利用者への情報公開は、利用者が被る可能性のある障害影響を極小化するための効果的な手法です。

以下、情報共有、情報公開について、あらかじめ検討しておくべき事項について説明します。

⑵ コンティンジェンシープランの関係者間の情報共有

受託者が中心となり、「**連絡先と連絡ルート**」「**連絡の手段と内容**」「**連絡のタイミング**」を事前にまとめておく必要があります。

●連絡先と連絡ルート

「コンティンジェンシープラン実行に備えた体制図」（180ページ参照）に基

づき、関係部門・関係者などを漏れなく、また誰から誰に連絡するかのレポートラインを明確にした、**障害連絡体制図**を作成します。

迅速な対応を行うため、同体制図の「SIerなど、その他関係者」についても、保守契約に基づくサポートの時間帯や問合窓口の受付時間、緊急時の連絡先などを確認の上、障害連絡体制図に記載しておきましょう。

◉障害連絡体制図の例

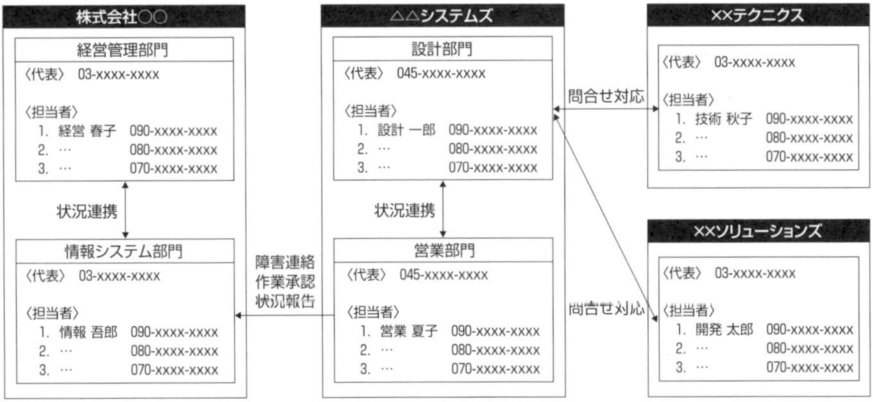

●連絡の手段と内容

連絡手段として、「電話」「メール」に加え、近年利用者が増加している「チャット」「Web会議」の4種類があります。それぞれについて、メリット・デメリット、および適した利用シーンは、次ページの表の通りです。

なお、適切な連絡手段を利用しても、共有した情報が違っていては対処方法を誤ってしまいます。特に委託者は障害の影響に応じてコンティンジェンシープラン発動の判断や、利用者への告知などを行う必要があり、その判断材料となる情報は受託者しか出せません。受託者はその自覚を強く持ち、正確かつ迅速な情報提供に努め、曖昧・不明な場合に臆測でものをいわずに、判明次第、随時伝達するなど、細心の注意を払う必要があります。

◉連絡手段のまとめ

連絡手段	メリット	デメリット	適した利用シーン
電話	• スマートフォンなどの利用により、利用するロケーションを選ばない • 相手からのレスポンスをその場で受け取れる	原則、1対1のコミュニケーションのため、一斉周知には向かない	障害発生時の受託者から委託者への第一報や委託者内・受託者内でのエスカレーションなど、速報性、および確実に相手へ連携することが重視されるシーン
メール	• 複数人へ一斉周知ができる • 記録として残せる • 多くの情報を共有できる • ファイルを添付することにより、データなどの授受にも利用できる	• 他のメールに紛れるなど、気付くまでに時間を要することがある • 相手の確認状況がわからない	• 定点での状況報告や今後の対応方針の周知など、複数人へ情報共有が必要なシーン • 復旧用のデータのやりとり
チャット	• スマートフォン用のチャットアプリなどの利用により、利用するロケーションを選ばない • 複数人へ一斉周知ができる • テーマに応じたスレッドを作ることができ、リアルタイムな情報共有や共同作業がしやすい	会社間であらかじめツールを合わせておく必要がある	障害対応の中で判明した新たな事実など、速報性と複数人への情報連携が必要なシーン
Web会議	• スマートフォン用のチャットアプリなどの利用により、利用するロケーションを選ばない • 相手からのレスポンスをその場で受け取れる • 録画機能による記録ができる	• 関係者間で同一アプリの導入が必要である • 事前に開催ルールの策定や利用訓練を行っておくことが望ましい	委託者・受託者間など複数関係者間でのディスカッションによる方針決定など、3名以上でのコミュニケーションが必要なシーン

● 連絡のタイミング

迅速な情報共有は重要ですが、緊急度に応じて速報性は異なります。**あらかじめシステム障害の影響範囲によって緊急度を決め、緊急度に応じた第一報の期限を決めておきます**。なお、影響度が不明の間は最も高い緊急度として取り扱うべきです。

また、状況に進展や変化があった場合の情報共有は必須ですが、進展や変化がない場合でも緊急度に応じて定点で情報共有することが必須です。これは、「進展や変化がない」こと自体が重要な情報だからです。

◉緊急度の例

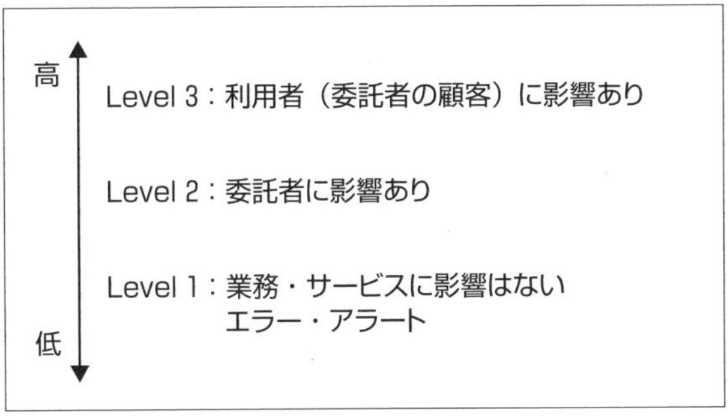
高
Level 3：利用者（委託者の顧客）に影響あり
Level 2：委託者に影響あり
Level 1：業務・サービスに影響はない
エラー・アラート
低

⑶ 利用者への情報公開

利用者への情報公開は、不特定多数の方に広く情報を周知できるよう、ホームページのトップ画面に掲載する、あるいはSNSの公式アカウントで告知するなど、あらかじめ手段を考えておく必要があります。周知する内容は、現在どのようなサービスが利用可能で、どのようなサービスが利用不可なのか、サービスの復旧目途がいつ頃なのか、復旧までの間の代替手段は何かなどです。これらを利用者にわかりやすく、かつ正しく伝えることが大切です。

たとえば、ATMでの入出金を例にとると、銀行店舗やコンビニエンスストアに設置されたATMについて、地区・設置場所・機能などに関する利用の可否を具体的にホームページ上に掲載することで、利用者への影響を最小限に抑えることができるかもしれません。なお、事象がさらに深刻な場合は、プレスリリースのような形式で、情報システムやサービスの停止について、その影響、原因、対策、再発防止策などの公開を検討する場合もあります。

第5章

障害訓練の基礎

5-1

障害訓練の進め方

5-1-1　障害訓練の意義と計画のタイミング

障害訓練とは、企業・団体などにとって中核となる業務を支えているシステムが障害となってしまった場合に、迅速に復旧できるよう事前に定めたコンティンジェンシープランをスムーズに実行できるようにするための訓練です。「スムーズに」とは、適切な役割分担のもと、障害に関するあらゆる情報が共有され、合理的に判断され、コンティンジェンシープランとしての代替策・復旧策が円滑に実行されることです。

会社の規程などに基づき、地震や火災などにおける災害時対応のために定期的に訓練を行っている企業・団体なども多いことと思います。その際、連絡係、避難誘導係、初期消火係などの各役割を設置し、疑似的な災害が発生した設定のもと、災害情報を共有しながら、実際に階段を下りて避難したり、消火器を使う演習をしたりした経験がある人もいるでしょう。この訓練を行うと、避難扉の位置や避難経路を知らなかった、正確に覚えていなかったことに気付くこともあります。

システム障害訓練も原理的にはまったく同じです。復旧策としての手順書がどこにあるかわからず、さっと取り出せなかったなどの気付きが得られることもあります。実際のシステム障害時には、早く復旧させなくてはと焦り、緊張を強いられる場面も多いため、手順書が見当たらないとなるとさらに焦ってしまいます。したがって、事前の障害訓練は、必須といえるでしょう。

なお、コンティンジェンシープランとなる想定障害の種類は通常、複数存在します。また、障害訓練を実行するにあたっては、訓練を実施する時期・時間帯や、関係者の業務上の都合、訓練できるシステム環境などにさまざまな制約があり、企業システムについて1回ですべてのコンティンジェンシープランの訓練をすることは、現実的には不可能です。

よってシステム構築時にはコンティンジェンシープランを策定するとともに、それらの訓練をする際の**優先順位**を委託者と受託者の間で決めておきます。実際の訓練は、システム稼働後の運用フェーズにおいて調整しながら、数回に分けて行うことになります。通常は、**年度ごとの障害訓練対象範囲**を計画します。そして各訓練時にコンティンジェンシープランをもとに詳細な訓練計画を策定し、これに沿って訓練を行うことになります。

5-1-2 障害訓練計画立案時の検討事項

(1) 障害訓練の概要

障害訓練を実施することで、システム障害が起きたときにコンティンジェンシープランを迅速に実行できるようになります。また、RTO達成のための問題点やコンティンジェンシープランの発動基準、承認・合意手続きなどの不備に気付き、改善を進めることができます。

一度きりではなく、数回の訓練を通して、訓練計画、訓練実施、訓練結果の評価および報告、手順などの改善のPDCAを回していくことで、コンティンジェンシープランの実効性が一層高まるようにブラッシュアップしていきます。

◉コンティンジェンシープラン改善のためのPDCA

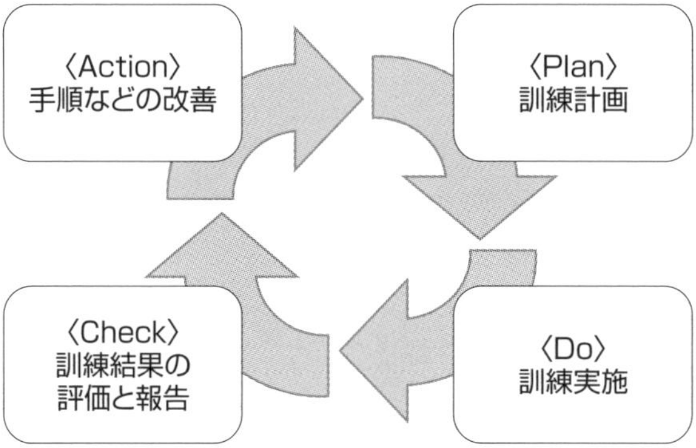

なお、障害訓練をより実践的にしようとするあまり、障害訓練自体が障害を発生させる原因となりかねないよう注意しましょう。たとえば、本番環境で訓練を実施する場合に、訓練計画や手順の不備により業務データがテストデータに置き換わってしまったなどの事象が発生してしまっては本末転倒です。

また、いざ障害が発生した際はさまざまな役割・タスクが必要となりますが、訓練参加者が一部の関係者だけに片寄ってしまうと、訓練の効果が薄れてしまいます。

これらにより、実機で行うのか机上で行うのか、本番環境で実行するのか検証環境で実行するのか、関係者をどこまで巻き込むのかなど、綿密に計画していく必要があります。

(2) 障害訓練計画作成の流れ

障害訓練計画は、コンティンジェンシープランの確認、訓練制約の確認、訓練目的の設定、訓練範囲と手法の確定、訓練計画書の作成の5つのステップで作成していきます（5-2で詳しく説明します）。

◉訓練計画作成の流れ

●コンティンジェンシープランの確認

4-1-2で検討した各項目について、定められた内容を確認・把握します。たとえば、「前日夜間バッチ処理が終了し、オンラインサービスを迎えられる状態に戻ること」「復旧までにかかる時間は30分以内であること」などです。

●訓練制約の確認

「データ参照のみなので、夜間であれば本番環境を訓練に利用できる」「データ更新を伴うので、本番環境を利用した訓練はできない」など、訓練時の制約を事前に確認し、後工程である「訓練範囲と手法の確定」の条件として整理しておきます。

●訓練目的の設定

コンティンジェンシープラン項目の中から、今回の訓練で重点的に確認する項目を決定し、訓練目的とします。たとえば、「RTOで定められた時間内に復旧手順が完了できることを確認する」「障害時の連絡手段、連絡内容に不備がないことを確認する」などです。

●訓練範囲と手法の確定

訓練制約と訓練目的を照らし合わせて、今回の訓練の範囲と手法を確定します。たとえば、訓練の範囲では「委託者は参加せず受託者側で代行者を立てて実施する」、訓練手法では「復旧手順の実行は業務に影響の出る可能性がある本番環境ではなく、業務に影響なく手順の確認を行うことができる検証環境で訓練を実施する」などを確定します。なお、この確定した内容に応じて、コンティンジェンシープランを実行する際との相違点（本番環境ではなく検証環境であるため、実行する対象マシン名が異なるなど）を訓練手順に反映させます。

●訓練計画書の作成

事前に確認した訓練目的や実施範囲、日程などを取りまとめて訓練計画書を作成します。訓練計画書は委託者・受託者などの関係者の承認を得た上で確定させます。

訓練計画書の使い方として、訓練計画書を関係者全員に周知した上で訓練する場合と、訓練の企画・統制部署のみが保持し、関係者がとっさに実行できるかを検証する場合とがあります。前者は新システムの稼働直後に習熟度を高める期間に行う手法であり、後者はある程度習熟度が上がった後に、さらなる問題点・改善点を洗い出すために行う、より実践的な手法です。

5-2 障害訓練の実際

5-2-1 障害訓練計画の立案

前節で解説した「障害訓練計画作成の流れ」について、ここではさらに詳しく見ていきます。

(1) コンティンジェンシープランを確認する

コンティンジェンシープランには、**何を条件に誰が発動し、どういう優先順位で何をどのように行うのか**が定められています。基本的には、コンティンジェンシープラン策定のポイント（4-1-2参照）の各項目に沿って定められた内容を確認します。

◉コンティンジェンシープランの確認項目

確認項目		確認内容
内容面	復旧手順	用意された手順
	バックアップ	使用するバックアップデータ
	タイムチャート	コンティンジェンシープランの発動時限、完了時限、作業時間
	情報採取	必要な情報を取得する手順
	検証	（事前検証は実施前タスクのため障害訓練の対象外）
実行面	発動	発動の条件
		発動の意思決定者
	承認・合意	（承認・合意は実施前タスクのため障害訓練の対象外）
	体制・環境	コンティンジェンシープラン実行のための体制・契約
		関係者との連絡・連携のための環境
		関係者との連絡内容

(2) 訓練時の制約事項を確認する

障害訓練には、本番環境では訓練しにくい**環境の制約**、検証環境などで代替する場合に本番環境とは異なる手順となる**手順の制約**、日時や時間帯などの**時間の制約**、関係者全員をそろえにくい**人の制約**などがあります。

◉制約事項の確認項目

確認項目		確認内容
訓練環境	本番環境の利用可否	• 訓練に本番環境を使用することはできるのか • 計画停止時間では訓練時間を確保できないなどの制約はあるか
	検証環境の有無	本番環境と同様の手順を確認できる開発環境などの検証環境はあるか
訓練手順	本番環境利用時	• 本番環境で実行できる手順はどこまでか • 実行できない手順はあるか
	検証環境利用時	開発環境などの検証環境を利用する場合、本番環境との差異は何か
訓練日時		訓練を行うことのできる曜日・時間帯はいつか
訓練参加者		訓練参加者は関係者をすべて集めることはできるか

確認の結果、検証環境が利用できない、訓練を行う時間が確保できない、といった制約が判明したら、机上での訓練を行うなどの代替策を検討していくことになります。

⑶ 優先順位を考慮しながら、訓練の目的・範囲を設定する

一度の訓練ですべてのコンティンジェンシープランや、コンティンジェンシープラン内のすべての作業の確認が行えれば良いのですが、訓練時間の制約などから現実的には不可能です。**複数のコンティンジェンシープランを何回かに分けて実行したり、コンティンジェンシープラン内の作業を作業特性から分類し、それらの優先順位を決めて分割して行ったりすること**が一般的です。通常は、この複数回の障害訓練を年度の訓練計画として立案していくことになるでしょう。

たとえば、コンティンジェンシープラン内の作業を分割する例としては、「復旧手順の確認、RTOとして定めた復旧時間が守れることの確認を目的とする」「連絡フロー・連絡事項の確認を目的とする」などです。

なお、目的が明確であれば訓練参加者の協力を得やすくなります。平常時は訓練の必要性を頭では理解していても、準備などに時間がかかる訓練には参加したくないというのが担当者の本音でしょう。しかし、いざ障害が発生したときにコンティンジェンシープラン通りに対応できなかった場合、利用者に多大な不利益をもたらし、委託者・受託者ともに訓練よりもはるかに大きな負荷がかかるシステム障害に対応せざるを得なくなる可能性が高いです。

このような事態を避けるため、**訓練を行うことの意義・目的を明確に設定・**

◉**訓練分割の例**

■**あるコンティンジェンシープラン**

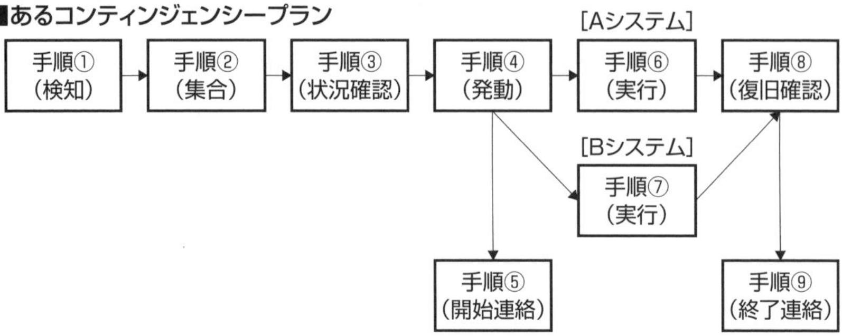

■**復旧時間確認訓練の場合**

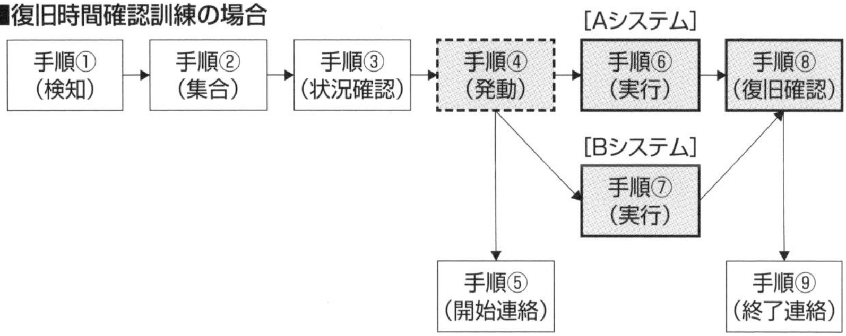

■**連絡手順確認訓練の場合**

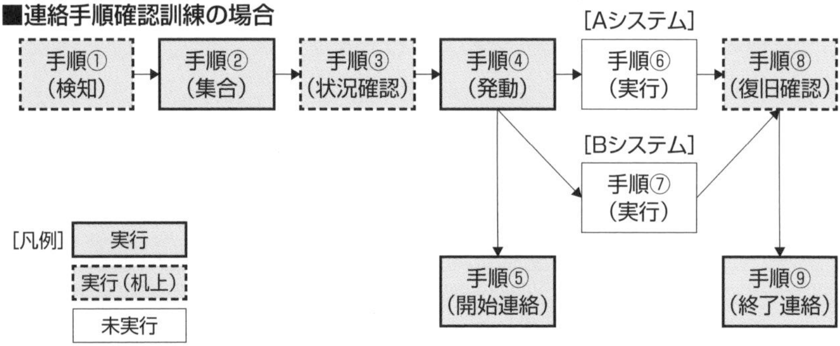

共有し、関係者の協力を最大限得ることは、有意義な訓練を実施する上で重要な活動です。

◉訓練目的の設定例

想定障害	ネット証券取引システムで障害が発生し、国内株式の発注が行えない状態となる
訓練目的	利用者からの問合せの受領から、コンタクトセンターでの代行による復旧まで、コンティンジェンシープランで想定した通りの時間内に完了することを確認する

(4) 目的や制約と照らし合わせて訓練の参加範囲・手法を確定する

訓練の制約を確認し、目的が設定できたら、これらをもとに**訓練の範囲**を確定していきます。本番環境で、コンティンジェンシープランの通り、委託者、受託者などのすべての関係者が協力して訓練できれば良いですが、現実的には困難です。

そこで制約と目的を照らし合わせて、まず参加者をどこまでの範囲とするべきか、確定していくことになります。

たとえば、訓練の目的が「関係者間で情報や対応が正しく連携され、速やかに判断・実行できることを確認する」といった場合は、委託者も含めた必要な関係者に対して障害訓練への参加を促す必要があります。

また、今回の訓練の目的が復旧手順そのものを確認する場合は、「委託者の参加は不要とし、委託者が行うべきコンティンジェンシープラン発動の判断は受託者側で代行して訓練を実施する」などを検討した上で、体制図上に明記します。

なお、4-2-6で解説した体制に加え、訓練特有の役割として、訓練の進捗状況や課題を記録する第三者を用意します。

◉訓練体制図の例（委託者参加あり）

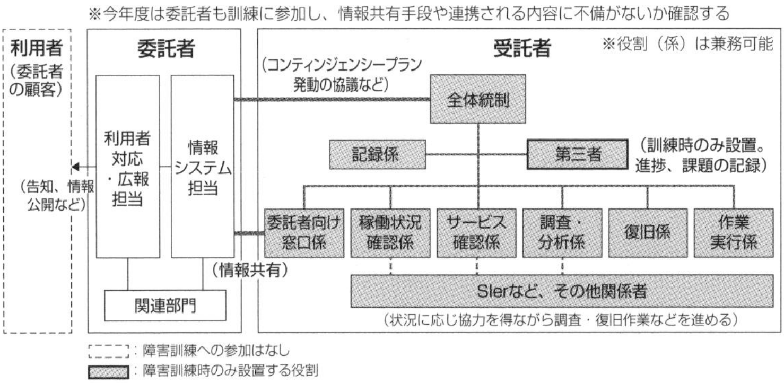

◉訓練体制図の例（委託者参加なし）

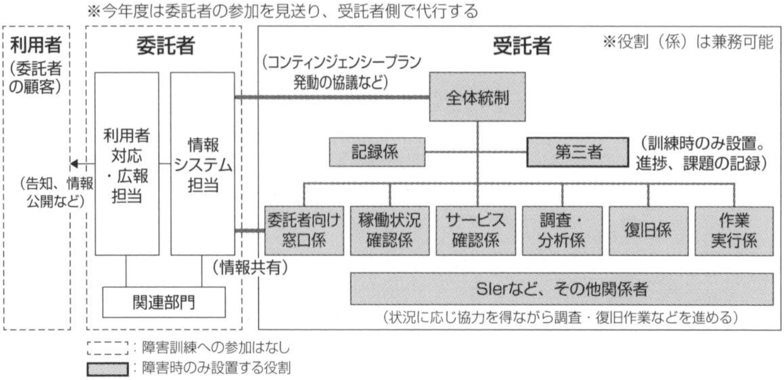

次に、**訓練の手法**を確定させます。

手法には、大別すると実機を使った訓練と机上訓練とがあります。

実機訓練では、手順の実行にかかる時間の計測、確認や、コマンドに誤りがあるかなどの、手順の不備の有無を確認することができます。机上訓練ではマニュアルの存在確認や手順の確認を行うことができます。

これら訓練の特徴を加味した上で本番業務に影響のある手順は実行しない、本番環境では再現できない手順は机上訓練とする、などを判断し、訓練シナリオを決定します。

◉訓練範囲と手法の設定例

確認項目		訓練範囲や手法
内容面	復旧手順	・サービス全面停止手順、代替サービス利用告知画面の表示手順を検証環境で実施する ・代替サービスでの発注を検証環境で実施する
	バックアップ	今回のコンティンジェンシープランではバックアップからの戻し作業は発生しないため、対象外とする
	タイムチャート	利用者からの問合せの受領から代替サービスへの復旧まで、コンティンジェンシープランで想定した通りの時間内に完了することを確認する
	情報採取	コンティンジェンシープラン発動に必要となる情報の取得作業は検証環境で実施し、必要な情報が取得できたと想定する。
	検証	（事前検証は実施前タスクのため障害訓練の対象外）
実行面	発動	委託者側責任者にて切替判断がされたと想定する
	承認・合意	（承認・合意は実施前タスクのため障害訓練の対象外）
	体制・環境	委託者側責任者およびコンタクトセンターの増員要員を除いて、関係する委託者、受託者が参加することとする

◉訓練シナリオの例

1. 発生	1.1. 利用者より国内株式の発注ができない旨の問合せを受領（問合せがあったと想定）
	1.2. 委託者にてネット証券取引システムが利用できないことを確認
	1.3. 委託者から受託者へネット証券取引システムが利用できないことを連絡
2. 対応の検討	2.1. 委託者、受託者間で対応について協議を開始
	2.2. コンティンジェンシープランに従って必要な情報を取得（検証環境で実行、必要となる情報が取得されたと想定）
	2.3. 委託者側責任者にてコンティンジェンシープランに従って代替サービスへの切替を行うことを判断（判断されたと想定）
3. 復旧対応	3.1. コンティンジェンシープランの開始
	3.2. コンティンジェンシープランに従ってコンタクトセンターの臨時要員を手配（手配されたと想定）
	3.3. サービス全面停止の実行（検証環境で実行）
	3.4. 代替サービス利用告知画面の表示（検証環境で実行）
	3.5. 代替サービスでの復旧（検証環境で代替サービスの確認）

(5) 障害訓練計画書としてまとめる

訓練計画書を下表のような構成でまとめ、参加者が訓練の目的や訓練シナリオなどを正確に把握できるようにします。

◉訓練計画書の目次と記載例

目次		記載内容
はじめに	本書の目的	重要サービスである「ネット証券取引システム」は、障害により停止した場合の影響が大きいため、コンティンジェンシープランに定められた復旧手順を迅速に行えるよう、障害訓練を実施する。本書では障害訓練の目的やシナリオについて記載する
	関連文書	コンティンジェンシープラン、ネット証券取引システム設計書など
訓練内容	想定障害	ネット証券取引システムで障害が発生し、国内株式の受発注が行えない状態となる
	訓練目的	コンティンジェンシープランのうち、切替判断から代替サービス復旧までの手順が、想定通りの時間内（○時間以内）に完了することを確認する
訓練内容	訓練シナリオ	訓練で想定する発生事象とシナリオは次の通り • 利用者より国内株式の発注ができない旨の問合せを受領 • 代替サービスへの切替を判断
	訓練範囲と手法	訓練の範囲と手法は次の通り • 委託者側責任者は参加せず代行者を立てた上での疑似訓練とする • 代替サービスへの切替手順は本番環境で実施することができないので、検証環境で実施する • コンタクトセンターの増員は行わず、増員されたと想定する
	訓練体制	今回の訓練では委託者側責任者は参加せず、受託者側で代行者を立てることとする。その他はコンティンジェンシープラン発動時と同等のメンバーが参加することとする体制図を添付する
訓練日時	訓練の スケジュール	検証環境の利用が少ない、土曜日の13～18時の間で行うこととする（訓練のスケジュール概要を添付する）
	考慮点	検証環境の利用を想定しているため、訓練終了が遅延すると開発プロジェクトに影響がある
前回の課題		前回の訓練で発生し改善対応を行った課題「コンタクトセンターの臨時要員手配手順が準備されておらず実行できなかった」が対応済であることを確認する
訓練結果の 評価ポイント	達成度	訓練の評価を次の観点から確認する • RTO、RPO、RLOはコンティンジェンシープラン通りだったか • 各工程の作業時間は＋○%の範囲で収まっているか • 委託者は受託者から受けた連絡内容で正確に状況を把握できたか • 委託者、受託者間の連絡はスムーズに行われたか
	前回訓練時課題 の対応状況	前回訓練時に課題が発生していた場合、今回の訓練でその課題が解決・改善されていたか評価する

また、訓練計画書とは別にシナリオとスケジュールなどについては詳細編を準備します。たとえば、訓練シナリオとして「利用者の問合内容やその回答内容を具体的に設定する」、訓練スケジュールとして「手順ごとの完了予定時刻を記載する」など、計画書の詳細化を行います。

5-2-2 障害訓練の実施

(1) 訓練計画書に従って訓練を実施する

訓練計画書に基づき訓練を実施します。

なお、訓練中、前述の第三者が**訓練の進捗や発生した課題の記録**を逐一行います。これにより訓練の評価に必要な情報が漏れなく記録され、訓練結果を評価する際に役立ちます。

(2) 訓練時に発見した課題を速やかに拾い上げる

課題の洗い出しは、訓練の目的達成の評価に関わるタスクであり、訓練終了直後に訓練参加者の問題意識があるうちに速やかに行うことで、有益な意見を多く拾い上げることができるため、あらかじめ訓練の一環としてスケジュールに組み込んでおきます。

なお、訓練日に時間が取れない場合は、別途、ヒアリングしたい項目をアンケートとして事前に配布するなど、速やかに回答をもらう形式とします。

◉ヒアリング内容の例

	ヒアリング内容
障害対応手順について	手順書の不備や問題点がなかったか ・誤記や誤りはなかったか　・わかりづらい点はなかったか ・手順書上に設定された予定時間は適切だったか ・想定通り復旧することができたか
連絡体制について	連絡体制や連絡内容に不備や問題点がなかったか ・障害内容は適切に伝わったか　・指示内容は適切に伝わったか ・連絡先に過不足はなかったか
訓練評価	訓練計画書で定義した評価ポイントと照らし合わせて結果はどうだったか ・コンティンジェンシープランに定められた時間内に手順が完了したか ・前回訓練時の課題は改善されていたか
訓練について	次回以降訓練する際に意識したほうが良い問題点がなかったか ・訓練日時の設定は適切だったか　・訓練参加者は適切だったか ・訓練の準備は足りていたか　・訓練の準備期間は十分だったか

5-2-3 障害訓練結果の評価・報告

(1) 訓練を評価し、課題を洗い出す

訓練中の記録や、訓練後のヒアリングやアンケートに基づき、次の３点に分類します。

①コンティンジェンシープランの達成に影響する課題
②コンティンジェンシープランのブラッシュアップのための改善課題
③訓練自体の改善課題

①コンティンジェンシープランの達成に影響する課題

たとえば、訓練の目的が「切替判断後から代替サービスによる復旧までの手順が、想定通りの時間内（○時間以内）に完了すること」であれば、切替判断から代替サービスによる復旧までにかかった実測時間を確認し、達成しているかどうかを判断します。手順書の不備などにより目的を達成していない場合は、最優先課題として対応すべき事項です。

また、時間内に復旧できているが、手順書がすぐに見つからなかったなどの実態がヒアリングやアンケートによって拾い上げられることもあります。このようなヒヤリハット事象についても優先課題として挙げておく必要があります。

②コンティンジェンシープランのブラッシュアップのための改善課題

順番に実行する手順となっているが、並行して実行することでさらなる時間短縮可能な手順があったり、エラーメッセージの有無を目視確認している手順をシェルスクリプト*化（文字列検索）することで確認漏れのリスク低減が見込めるなどの場合は、コンティンジェンシープランをブラッシュアップします。

用語　シェルスクリプト

人間がコンピュータに対して行う複数のコマンドによる操作（実行や確認など）を、プログラムとして準備したもの。運用者がシェルスクリプトを１つ実行するだけで、複数のコマンド実行を順番に正確に実行できる。

③訓練自体の改善課題

コンタクトセンターの端末を訓練で使用する検証環境につなぎ替える手順に不備があり時間を要したなど、訓練自体に不備があった場合は次回の訓練に向けて訓練手順を見直します。

なお、訓練参加者からはコンティンジェンシープランによって定められている目標値などにかかわらずさまざまな意見が出てくる可能性がありますが、対応すべきかどうかの取捨選択が必要になります。取捨選択の結果、対応しないと決定した場合についても、対応しない理由について訓練参加者への真摯な回答となるように、障害訓練結果報告書に取捨選択の理由や結果を残します。こうすることで、訓練参加者がコンティンジェンシープランを理解、意識するための気付きにもなります。

(2) 対策と対応スケジュールを検討する

上記の課題に対して対策を立案し、受託者と委託者で協議を行い、課題を5-2-3(1)で定義した①～③の優先順位で**対応スケジュール**を決定します。

◉対策と優先度の整理（例）

課題		対策	優先順位
分類①	「サービス全面停止手順」は30分で完了する想定だったが45分かかった	• サービス全面停止手順は手作業が多くなっておりコマンドの実行と実行結果の確認に時間がかかっていた • 手作業で実行しているコマンドについて、シェルスクリプトを準備して手作業を削減する	高
	「代替サービスでの復旧確認手順」の取り出しに時間がかかった	コンティンジェンシープランに使用する手順書名と格納場所を明記する	高
分類②	臨時のコンタクトセンターの要員手配とサービス全面停止作業は同時に開始したほうが良い	• 順番に実施する手順となっているが、並行して開始することで全体の作業時間短縮が見込める • 手順書の見直しを行い、同時に開始する手順に変更する	中
分類③	復旧確認のための端末利用時に、検証環境に接続する手順に不備があった	• 今年度の訓練結果報告書に課題として残しておく • 訓練用手順の修正を行う	低

⑶　課題や対策を報告書にまとめる

訓練結果として、評価した結果や課題、今後の対策を取りまとめます。

訓練結果報告書は、次ページの表のような構成で訓練の内容や訓練参加者の実績、訓練結果や課題などの評価をまとめ、訓練の実績について委託者側責任者へ報告し承認を得ます。承認された訓練結果報告書は訓練参加者全員にフィードバックし、特に課題と対策について徹底し対応を進めていけるようにします。

◉訓練結果報告書の目次と記載例

項　目		記載内容
訓練実績	訓練内容	訓練計画書より訓練内容を抜粋する
	訓練日時	訓練計画書と照らし合わせて訓練スケジュールの実績を記載する
	訓練参加者	• 訓練計画書と照らし合わせて実際に訓練に参加したメンバーを記載する • 計画通り参加できていない場合、調整不足などの理由について次回訓練計画時の調整事項として残す
訓練評価	訓練結果	訓練計画書で定義した指標と照らし合わせて達成度を記載する
	課題	上記で未達成の項目については課題として一覧化し、改善策と改善予定日、対応者などを記載する
	総評	課題発生の根本原因や良かった点を整理し、訓練を総括する

付　録

付録①

システム障害時対応の留意点

障害対応で心掛けるべきこと

システム障害は、本編で記載した通り、時間の経過とともに影響範囲の拡大や影響度合いの深刻化が起きかねないため、一刻も早く対応しなければなりません。委託者の情報システム部門や、受託者であるITパートナーは、ITサービスを利用できなくなった利用者（一般消費者、一般投資家など）や、その応対に追われている委託者の現場（事業部門や支店・営業所など）に想いを馳せ、**スピードを最優先にして行動しなければなりません**。そのためには、決して自分一人や所属するグループだけで抱え込まず、たとえ夜間・休日であっても、躊躇せず、上司・同僚・他部門に報告・相談したり、支援を仰ぎ、システム障害の復旧に向け、全力で行動することが必要です。

また、情報開示や利用者（顧客）対応では、障害の影響や復旧見込みの情報提供が必須になりますが、その情報は受託者しか知り得ないこともあります。受託者はその自覚を強く持ち、**障害の状況をタイムリーかつ正確に伝達しなければなりません**。

障害対応作業の留意点

障害対応時、あらかじめ用意したコンティンジェンシープランでは対処しきれず、その場で新たな復旧策を考案せざるを得ない場合（前進復旧）がしばしばあります。その際は、**極めて短時間で非定型の障害対応作業を行うこと**になりますが、緊急事態とはいえ、いや緊急事態だからこそ、二次障害・三次障害を防ぐべく対応内容のレビューをしっかり行う必要があります。

特に重要なレビューポイントは、次の通りです。

①作業漏れがないか（たとえば、復旧対象・関連ファイルのバックアップ作業を忘れており、作業ミスがあった場合に作業前の状態に戻せなくなるようなことはないか）
②作業順序・タイミングに誤りはないか、誤った場合のリスクが何かを検討

したか

③リスクがある場合、誤った場合でも正せるような確認ポイント（休止点）の必要性を検討したか、あるいは一気に作業するのではなく、複数人で確認しながら作業を進める手順・体制を検討したか

④作業手順書は、その分野を担当したことがない者でも誤解することなく実行できるように具体的に書かれているか

⑤これらの検討や確認において、問題の有無を問うクローズド型の質疑応答ではなく、なぜ問題がないのかを問うオープン型の質疑応答を行ったか。また、上席者（リーダーやマネージャ）は、状況に応じて、それら質疑応答の内容を何らかの形で確認したか

障害対応の担当者は、復旧のための各種作業に集中しなければなりません。よって障害対応の責任者や上席者は、それらの障害対応を円滑に実行するための各種調整や環境の整備に加え、上記①～⑤のチェックポイントのように、**障害対応そのもののリスク管理を行う**必要があります。

付録②

システム障害の原因分析と対策立案の基礎

システム品質とシステム障害の相関

2-1-1で大和総研の過去のプロジェクトにおける設計工程のレビュー指摘率、総合テストバグ率と稼働後のシステム障害の相関について紹介しました。

そこでは、設計工程によって不具合が取り除かれた品質が高い案件は、稼働後のシステム障害が少なく、不具合が取り除かれなかった品質が低い案件は、稼働後のシステム障害が多かった、と述べました。やはりシステム品質が低い場合、システム障害は起こるといえます。

システム品質の種類

システムの品質には、大きく**プロダクト品質**と**プロセス品質**とがあります。なお、本書では、運用業務のオペレーションといったサービスもプロダクトとして捉えます。

プロダクト品質とは？

プロダクト品質とは、システム構築で作り出されたソフトウェアやサービスそのものの品質をいいます。システムおよびソフトウェア製品の品質要求を定めた日本工業規格であるJIS X 25010では、期待される機能と実際の機能の合致度合いや、使いやすさ、信頼性、保守性などを定義しています。

これらの品質を保証するための活動として、成果物のレビュー、テストによるバグの摘出、案件とは無関係な第三者のレビュー、品質指標を設定して計測・評価を実施などの品質向上活動が通常行われます。

プロセス品質とは？

プロセス品質とは、ソフトウェアやサービスを作る際の、構築作業の品質をいいます。

◉プロダクト品質とプロセス品質

	プロダクト品質（あるいはサービス品質）	プロセス品質
定義	所産（ソフトウェア製品など）そのものの品質	所産（ソフトウェア製品など）を作るときの工程、作業などのプロセスの品質
基本的な活動	製品の品質を保証するべく以下を行う ・計画書、設計書、ソースなどの成果物のレビューを行う ・テストによるバグ摘出を行う ・部品化とその再利用を推進する（テスト済部品の活用）	作業における属人性を排除するべく以下を行う ・プロダクトを作り込んでいくプロセスにおいて、誤りが混入しにくい環境や仕組みを作る（開発標準プロセスの整備） ・過去の類似バグを徹底的につぶすプロセスを組み込む
具体策・補強策	・レビューの精度向上（第三者レビュー、有識者によるレビューなど） ・テストケース粒度の適正化、テスト観点の網羅性の確保（マスターテストケースの整備など） ・品質指標（JIS X 25023など）の設定と計測・評価 ・成果物の自動生成（開発ツールなど） ・レビュー観点などの教育・研修	・手順・ルールなどの策定と遵守 ・工程ワークフロー、基準書、手順書、成果物（目次、書式など）、チェックリスト（プロダクト、プロセス） ・ガイドライン、べからず集、過去の事例集など ・工程ごとの品質保証（工程完了レビュー、稼働判定会議） ・開発標準プロセスに関する教育・研修

これらの品質を保証するための活動として、知識や経験によるバラツキや属人化を排除する標準化（第2章で触れたワークフロー・基準書・手順書・ガイドラインなどの整備）、それらの教育・研修、各工程完了時の品質判定会議の実施などの品質向上活動が通常行われます。

システム障害の原因の種類

システム障害時、プログラム（アプリケーション）や各種設定の不足・誤りというプロダクト品質の低さがシステム障害の「直接原因」です。その直接原因をもたらしたものが「**混入原因**」であり、それを看過してしまったものが「**流出原因**」です。以下に例を示します。

調査不足（＝混入原因）により、プログラムのある条件時の処理漏れ（＝直接原因）が発生し、ある業務処理がシステム停止した。プログラムのソースコードレビューも行っていたが、気が付くことができなかった（＝流出原因）

そして、この混入原因が「**根本原因**」です。この根本原因をつぶさない限り、いくら流出原因をつぶしてもシステム障害はなくなりません。

◉プロダクト品質とプロセス品質に影響する原因

		プロダクト品質（あるいはサービス品質）	プロセス品質
障害時	直接原因	プログラム（アプリケーション）、設定、データ移行などの不足、誤り	――
	混入原因	調査・設計・開発・保守・運用の内容の不足・誤り	基準などの不備、逸脱（基準や手順の未定義、未承認の工程変更、工程の省略、ファストトラッキング時のリスク対応の不足など）
	流出原因	•成果物に対するレビュー不足 •テストシナリオ・ケースの不足によるバグ摘出不足（品質指標未達成での出荷など）	基準の逸脱などの見落とし（プロセスチェックリストや工程完了レビュー・会議での漏れなど）

なお、システム構築時には、全社基準などに加え、新たにプロジェクト固有の基準が必要となる作業もあります。その作業プロセスとして、構築基準が不足していた、ある開発要員が構築基準を守らなかったなどがプロセス品質の低さの「混入原因」です。そして、工程完了時の品質判定会議をしたが、それらに気が付くことができなかったなどがその「流出原因」です。

ただし、システム障害が発生した際、必ずしもプロセス品質に問題があるわけではありません。

再発防止策立案の基本手順

上記2つの品質の特徴を踏まえ、再発防止策を立案するための、基本的な流れは次の通りです。

STEP 1　直接原因を特定する

①発生した事象を時間軸に沿って追いかけていき、二次的・三次的に発生した事象を切り分ける

②起点となった障害事象の原因（直接原因）を特定する

STEP 2　プロダクト品質の観点から原因を分析する

①直接原因をもたらした混入原因を分析・特定する

②混入原因に気が付かず、看過してしまった流出原因を分析・特定する

STEP 3　プロセス品質の観点から原因を分析する

①直接原因をもたらした混入原因を分析・特定する

②混入原因に気が付かず、看過してしまった流出原因を分析・特定する

STEP 4　プロダクト品質とプロセス品質、混入原因と流出原因の組合せから成る四象限について、それぞれレジリエンスの観点で再発防止策を検討する

①四象限すべての対策が必須ではないが、流出原因対策しか立案できなかった場合は、根本原因の深掘りが不足していると思われるため、STEP 1 もしくはSTEP 2 の①をやり直す

②対策立案後、**「その対策が障害発生以前に存在していたならば、その障害は発生しなかった」ことを検証する**。そうでない場合は、再発防止策として不十分なため、四象限について対策を考え直す

プリンシプルベースとルールベース

上記の手順を踏んだ後、蓄積された四象限分の再発防止策をもとに、ルールを細分化・厳格化し、**チェックリストに反映する作業**を行います。しかし、あまりにチェック項目が多くなると、チェック作業自体の形骸化につながることが懸念されます。

金融庁は『金融検査・監督の考え方と進め方（検査・監査基本方針)』(2018年6月）の中で、金融行政の質を高めるため、検査手法を見直し、ルールやチェックリスト中心の検査から、プリンシプル（原則）や考え方中心の検査に転換していく必要がある、としました。この考え方はシステム構築でも同様です。

ルールに基づいたやり方（ルールベース）は経験が浅い人でも取り組みやすい一方、すべてをルール化することが困難であり、書かれていないことは行われないという短所があります。さらに、すべてのチェック項目を実行しようとして生産性が上がらない場合もあります。しかし、プリンシプルに基づいたやり方（プリンシプルベース）は、ある程度の知識や経験が必要ではあるものの、「今回の案件の肝はここだからこのあたりの項目を重点的に見れば大丈夫だ」などと濃淡を付けることが可能であり、その結果、効率的・効果的な品質向上策を講じることができ、ルールベースの短所を補うことができます。

チェックリストを作る際には、**プリンシプルベースでの記載を主に、より具体的に触れたほうが良い部分をルールベースで記載する**、というやり方が最善でしょう。

◉プリンシプルベースとルールベースの差異

	プリンシプルベース	ルールベース
定義	原則を提示、原則に沿って考えながら活動	ルールを制定、ルールを遵守しながら活動
実施方法	ポリシー（方針）、つまり設計思想や管理者・プロジェクトマネージャの心得などを整備・実行	スタンダード（基準）・プロシージャ（手順・チェックリストなど）を整備・遵守
長所	濃淡を付けた、的を射た効率的・効果的な活動が可能	•やって良いことと悪いことが明確 •経験が浅くともやるべきことがイメージできる
短所	•知識・経験が少ないとやるべきことが漏れる •ある程度の経験、コミュニケーション力（観察力、質問力、交渉力など）や、部下への関心（モチベーション向上、育成の情熱）などの人間力が必要	•すべてをルール化することは困難 •書かれていないことはやらない／できない場合が発生 •濃淡を付けられずにすべて遵守しようとすると、コスト増・生産性の低下が発生 •あるいはすべてできずに形骸化を招く

システム障害の弊害と対策の基本

システム障害の発生に伴う弊害は次の通りです。

①障害対応のコスト（時間、費用）がかかる
②その間、もともと行う予定であった構築・保守ができなくなる
③障害対応後に、もともとの予定のキャッチアップが必要になり、スケジュールに無理が生じる場合がある
④①～③に伴い要員が疲弊したり、モチベーションが低下したりする

このように、システム障害が発生して良いことは何もありません。したがって、発生してしまった障害は、新たな障害の発生を防ぐための教訓としなければなりません。

品質管理の基本は、「人はどんなに努力してもミスを犯すもの、ミスをしない人はいない」を前提にすることです。よって、人のミスがそのまま障害に直結しないよう、プリンシプルベースとルールベースをうまく組み合わせ、プロダクト品質・プロセス品質を向上させるプロセスを組み込みましょう。

経験則

これまでの筆者らの経験から、再発防止策立案の基本手順の冒頭で述べた四象限について、システム障害が構築者のスキル・経験といった人的要因にある

ものの、**それ以上に組織的な要因も大きい**ように感じます。プロジェクト立上げ時の体制の作り方、プロジェクトにおける構築計画の立て方（規模に応じた適切な期間の設定）、要員管理の巧拙、プロジェクト外からの牽制・支援の有無です。

これらに欠陥があると、システム構築中から“問題プロジェクト”になりがちで、稼働後もシステム障害が発生しやすくなります。プロジェクトに権限と責任があるのは当然ですが、問題のあるプロジェクトを発生させないためには、牽制・支援する仕組み、問題をためらうことなく報告できる組織風土・文化も必須です。**こうした仕組みや組織風土は、組織のレジリエンスの基盤である**といえます。

◉プロジェクトに影響を与える組織的要因

		プロダクト品質（あるいはサービス品質）	プロセス品質
障害時	混入原因	保有スキル・推進体制に関わる要因	構築計画・工程設計に関わる要因
障害時	流出原因	要員ケアなど、マネジメントに関わる要因	組織内の牽制機能に関わる要因

おわりに

本書では、システム障害をできるだけ発生しないようにするためにはどうすれば良いのか、それでも発生してしまう障害に向けてどのような準備をしておけば良いのか、そして発生してしまった障害にどのように対処すれば良いのか、の3点について、筆者らの経験とノウハウをベースにお話ししてきました。語ってきた内容は、経験と技術に裏打ちされたものであり、必ず読者の皆さんのお役に立つものと思います。

一方、システム障害への対応を実践するのは皆さんご自身、すなわち「人間」です。対応の巧拙は、いくつもの未経験の状況の中で最善の判断ができるかどうかにかかっています。人間である以上、常に最善の判断を続けることは難しいかもしれません。ただ、ミスの多い人、少ない人は確かに存在します。最善の判断ができる人材になるためにはどうすれば良いのでしょうか。それは、本書で述べてきたことに加えて、最善の判断をするための「マインド」を日頃から持つことです。

ここでは本書の締めくくりとして、このマインドとはどのようなものなのかをお話ししたいと思います。具体的には、ITに関わる業務を日々遂行する中で、次のことに留意すれば、少しずつの積み重ねではあるものの、障害を発生させないこと、障害の被害を最小限に食い止めること、さらには二度と同じ障害を発生させないことにつながると思います。

思い込みの排除

日々の業務において、つい「〜だろう」「だったはず」といった思い込みで物事を進めてはいないでしょうか。システムの構築や運用における思い込みは、自ら障害を招く結果となりかねません。

不確実な知識、記憶だけで決して物事を進めず、常に正しく把握するよう、何事も確認する努力を怠らないこと、自らの目と耳で確認するマインドを持つよう心掛けることです。

他の案件に気を配る

日頃から、さまざまなシステムや進行中の案件に関心を寄せていますか。自らが携わる案件であれば、その内容は詳しく理解していると思いますが、それ以外の案件にも十分に注意が払われているでしょうか。システム変更を伴う案件は、想像以上に影響が他の案件に及ぶことがあります。システム障害は、多くのシステムが複雑に影響し合う中で発生することが圧倒的に多いのです。したがって、既に稼働しているシステムや進行中の案件を理解していることこそ、対応の方針策定や対応時間に大きく影響します。逆にいえば、自らが担当する案件の情報を広く周知することも大切です。

担当する案件のみならず、できるだけ多くの案件に関心を持ち、自分事として捉えるマインドを持つことで、間違った判断や対応の見落としを避けられるようになるはずです。

障害から教訓を得る

残念ながら障害が発生してしまった場合、その再発を防止することはもとより、徹底的にその原因を追及し、他の障害も回避できる対策を打つ必要があります。再発防止策を策定するための根本原因を探る対話の中で、担当者は時に厳しい質問にも答えなければなりません。しかしながら、根本原因を突き止めない限り、再び同一、あるいは類似の障害が起きかねません。事実を徹底的に分析し、根本原因を突き止めることは、システムや仕事の品質を向上させるとともに、未来の担当者を守ることにもつながるのです。執念ともいうべき原因究明へのマインドが、皆さんにも、皆さんの組織にも必要ではないでしょうか。

このようなマインドを持って本書をご活用いただければ、必ずやITレジリエンスを高められるという確信をお伝えして、本書を閉じたいと思います。

2022年 8 月
株式会社大和総研 フロンティア研究開発センター長
田中 宏太郎

索　引

数字・アルファベット

3 層型システム …… 46
Active/Active構成 …… 103
Active/Standby構成 …… 102
API …… 39
APIエコノミー …… 41
Aurora …… 136
Auto Scaling …… 51, 135
AWS …… 51, 130
――が取得している第三者認証 …… 131
BCP …… 17
CNF …… 120
DBサーバーの冗長化 …… 105
Design for failure …… 137
Docker …… 140
DR …… 24
DX …… 18
DX銘柄 …… 74
EC2 …… 130
ELB …… 134
HAクラスタ …… 101, 102
Heartbeat …… 89
IaaS …… 123
IAM …… 130
Infrastructure as Code …… 97
Interface(I/F) …… 39
Kubernetes …… 146
Linux …… 71
MTBF …… 58, 95
MTTR …… 58, 95
NFV …… 120
PaaS …… 123
PMBOK …… 22
PoC …… 74
RAID …… 99
RDS …… 135
RLO …… 148
RPA …… 55
RPO …… 148
RTO …… 148
SaaS …… 123
SDN …… 119
SD-WAN …… 119
SIer …… 6
Single Point of Failure …… 56
SLA …… 22
SLO …… 22
UI …… 82
UNIX …… 70
UX …… 82
VLAN …… 118
VNF …… 120
VPC …… 130
VPN …… 118
V字モデル …… 43
XaaS …… 125

あ行

アジャイル開発 …… 28
アベイラビリティゾーン …… 131
アラート …… 84
アラーム …… 84, 86
移行時間の見積り …… 66
移行時の確認項目 …… 67
移行日の調整 …… 64
移行リハーサル …… 68
異常監視 …… 83
委託者向け窓口係 …… 182

一括移行方式 65
イベントの監視 80, 87
インシデント 19
インフラのコード化 97
ウォーターフォール開発 28
ウォーターフォールモデル 43
運行業務 52
運用業務 52
運用要件 55
エクスポネンシャルバックオフ 137
オートスケール 111
オブザーバビリティ 82

か行

開発ワークフロー 76
可観測性 82
仮想化 112
稼働状況確認係 183
稼働率 17, 58, 95
可用性 94
雁行 32
監視 80
監視メッセージ 91
危機管理計画 25, 30, 79
危険（メッセージ） 88
基準書・手順書 76
切替 59
切戻し 58
記録係 182
クラウド 121
——の基本的な特徴 122
——のサービスモデル 125
——の実装モデル 126
クラウドサービスに対する監視 81
クラウドロックイン 73
クラスタ 101
クラスタリングソフト 102
グリーンIT 113
クリティカル処理 60
訓練計画書 200
訓練結果報告書 204
訓練シナリオ 199
訓練体制図 197
訓練の範囲 197
検知策 79
構成管理システム 91
工程ワークフロー 76
コールドスタンバイ 101
コミュニティクラウド 126
コンティンジェンシープラン 23, 69, 148
——の情報共有・公開 184, 187
——のタイプ 162
——の発動 159, 166, 177
——の戻し作業 176
——発動時の復旧手順 157, 168, 172
——発動の承認・合意 160
——発動の体制・環境 160, 178, 180
コンテナ 139
コンテナオーケストレーション 144
コンテナ型（サーバー仮想化） 116
混入原因 209
根本原因 209

さ行

サーバーの冗長化 100
サーバーの処理数設計 50
サービス確認係 183
サービスの監視 80
サービス品質 208
再発防止策 210
サイロ化 71
作業実行係 183
作業手順書番号 92
サブシステム 35

残高型 48
シェアードエブリシング 105
シェアードナッシング 106
シェルスクリプト 202
死活監視 84, 88
システム移行 62
——の制約条件 63
——のリスク軽減策 68
システム障害 19
システムテスト 44
システムの監視 80
システムの独立性 37
システム品質 208
重要警戒（メッセージ） 85, 88
障害訓練 23, 190
障害訓練計画 192, 194
障害対応 107
障害連絡体制図 185
冗長化 56, 96, 98
情報公開 187
情報採取 158
情報システム担当 181
上流工程 30
初回稼働 68
シングル構成 57
シンプロビジョニング 117
信頼性 94
——の向上 39
スケールアウト 109
スケールアップ 109
スケールイン 111
スケールダウン 111
スタンダード 27
ストック型文書 75
ストレージの仮想化 117
ストレージプール 117
スループット 36
正規化 39
正常稼働監視 84, 88
責任共有モデル 125
セキュリティグループ（AWS） 134
前進復旧 153
全体統制 182
ソーリーページ 154
疎結合 38
組織的要因 213

た行

対外接続 40
代行環境 108
代替策 150
段階移行方式 65
ダンプ 67
チェックリスト 211
チャットボット 151
調査・分析係 183
定型作業 107
定時点監視 87
データ移行方式 64
データセンター管理業務 52
デグレード 20
手作業 54
テスト 42
テスト計画 44
テスト漏れ 42
統合テスト 44
ドキュメント 75
トランザクション 47
トランザクション型 48

な行・は行

ノード 146
ハードウェアの仮想化技術 114
ハートビート 89

ハイパーバイザー型（サーバー仮想化） …… 116
ハイブリッドクラウド …… 126
バッチ処理 …… 59, 61
パブリッククラウド …… 51, 72, 126, 130
——が利用するデータセンター …… 131
——の選定時の注意点 …… 128
——の導入効果 …… 128
ハングアップ …… 84
半死に …… 58
非機能要件 …… 45
非クリティカル処理 …… 60
非定型作業 …… 107
ファームウェア …… 59
ファストトラッキング …… 32
フェイルオーバー型クラスタ …… 102
不可視性 …… 78
負荷分散クラスタ …… 101, 103
復旧係 …… 183
復旧策 …… 150
復旧時間確認訓練 …… 196
プライベートクラウド …… 72, 126
プリンシプルベース …… 211
フレームワーク …… 23
フロー型文書 …… 75
プログラム移行 …… 66
プロシージャ …… 27
プロセスチェックリスト …… 77
プロセス品質 …… 208
プロダクトチェックリスト …… 77
プロダクト品質 …… 208
平均稼働時間 …… 58, 95
平均復旧時間 …… 58, 95
並行稼働方式 …… 65
ベンダーロックイン …… 74
保守作業 …… 107
保守業務 …… 53
保守性 …… 94
ホストOS型（サーバー仮想化） …… 115
ホットスタンバイ …… 101
ボトルネック …… 36
ポリシー …… 27
ボリューム容量の仮想化 …… 117

ま行

マイクロサービス …… 141
マスタ型 …… 48
マネージドサービス …… 138
マルチAZ構成 …… 133
マルチクラウド …… 127
マルチリージョン構成 …… 133
ミドルウェア …… 20
メモリリーク …… 163
目標復旧時間 …… 148
目標復旧時点 …… 148
目標復旧レベル …… 148
モノリシックアーキテクチャ …… 142
モノリス …… 142

や行・ら行

要件の取込み漏れ …… 42
予防策 …… 30, 45, 70
リージョン …… 131
リスクコントロール …… 20
リスク対策 …… 23
リファレンス …… 77
流出原因 …… 209
利用者対応・広報担当 …… 181
ルールベース …… 211
レジリエンス …… 16
レピュテーションリスク …… 16
連絡手順確認訓練 …… 196
ローリングメンテナンス …… 107
ログファイル …… 49
ロックイン …… 71

参考文献

第 1 章

・Project Management Institute『プロジェクトマネジメント知識体系ガイド PMBOKガイド 第7版』

第 2 章

・内山悟志『未来IT図解 これからのDX（デジタルトランスフォーメーション）』（エムディエヌコーポレーション）
・梯雅人、居駒幹夫『ソフトウェア品質保証の基本 時代の変化に対応する品質保証のあり方・考え方』（日科技連出版社）
・近藤誠司『運用設計の教科書 現場で困らないITサービスマネジメントの実践ノウハウ』（技術評論社）
・赤俊哉『だまし絵を描かないための 要件定義のセオリー』（リックテレコム）
・中山嘉之『システム構築の大前提 ITアーキテクチャのセオリー』（リックテレコム）
・吉羽龍太郎『業務システム クラウド移行の定石』（日経BP）

第 3 章

・南大輔『エンタープライズシステムクラウド活用の教科書 スピードが活きる組織・開発チーム・エンジニア環境の作り方』（技術評論社）
・「ETSI GR NFV-IFA 042 V4.1.1 (2021-11)」
https://www.etsi.org/deliver/etsi_gr/NFV-IFA/001_099/042/04.01.01_60/gr_NFV-IFA042v040101p.pdf
・Peter Mell (NIST)、Tim Grance (NIST)「The NIST Definition of Cloud Computing」
https://csrc.nist.gov/publications/detail/sp/800-145/final
・独立行政法人 情報処理推進機構「NIST によるクラウドコンピューティングの定義」
https://www.ipa.go.jp/files/000025366.pdf
・「AWS コンプライアンスプログラム」
https://aws.amazon.com/jp/compliance/programs/
・片岡光康「【AWS Black Belt Online Seminar】 Amazon Relational Database Service (Amazon RDS)」
https://d1.awsstatic.com/webinars/jp/pdf/services/20180425_AWS-BlackBelt_RDS.pdf
・星野豊「[AWS Black Belt Online Seminar] Amazon Aurora MySQL」
https://d1.awsstatic.com/webinars/jp/pdf/services/20190424_AWS-BlackBelt_AuroraMySQL.pdf

- 江川大地「[AWS Black Belt Online Seminar] Amazon Aurora with PostgreSQL Compatibility」
  https://d1.awsstatic.com/webinars/jp/pdf/services/20190828_AWSBlackBelt2019_Aurora_PostgreSQL2.pdf
- 「Docker ドキュメント日本語化プロジェクト」
  https://docs.docker.jp/
- 「Microservice Architecture」
  https://microservices.io/
- 「Kubernetesドキュメント」
  https://kubernetes.io/ja/docs/

執筆者紹介

大和総研（だいわそうけん）

組織の戦略をITで実現する「システム」、社会・経済全体の方向性を分析・提言する「リサーチ」、組織の成長戦略・事業戦略を提案する「コンサルティング」の3分野のスペシャリストが連携し、互いの知を結集。

大和証券グループ、金融業界、事業会社、行政機関などへの長年にわたるサービスで培ったノウハウ・技術力に、高度なデータ分析・AI・DXソリューションを融合し、顧客への最適かつ革新的なソリューションを提供している。

田中 宏太郎（たなか こうたろう）

第1章、第2章、第4章、付録担当

フロンティア研究開発センターシニアアドバイザー、センター長

証券会社向けのネット取引システム、プライベートクラウド、シンクライアントシステムの構築や、証券会社基幹系システムの刷新、外販系データセンターのOS更改などを担当。現在は、AI・データサイエンス、DXソリューションの調査・研究を統括。PMI会員（PMP）。

1984年、大和総研の前身である大和コンピュータサービスに入社。1999年、日本FIX委員会FIX4.1J策定コアメンバー。2014年、執行役員システムマネジメント副本部長。2016年、訊和創新科技（北京）有限公司副董事長。2017年、常務執行役員。2019年、品質管理本部長。2021年、フロンティア研究開発センター長。2022年、シニアアドバイザー、同センター長を歴任。

森田 真人（もりた まさと）

第1章、第2章、第4章担当

システムマネジメント本部担当部長

システムインフラ設計・開発および運用、保守を担当。

1985年、大和総研の前身である大和コンピュータサービスに入社、以来、ほぼすべての期間にわたり、インフラ設計・開発、および運用・保守部門に所属。主に、証券会社向けをはじめ金融系のメインフレーム・オープン系システムのインフラ設計・開発に携わり、現在はシステム運用・保守を担当。

池田 恭彬（いけだ ゆきあき）

第3章担当

コーポレートシステム部次長

事業会社向けソリューションの企画、開発、プリセールス、技術支援を担当。

事業会社向けシステムのアプリケーション保守開発を経て2022年より現職。パブリッククラウドを利用したシステムの提案・設計や、レガシーシステムのマイグレーション企画・検証に携わる。

大隈 由美子（おおくま ゆみこ）

第3章担当

コーポレートシステム部次長

事業会社向けソリューションの企画、開発、プリセールス、技術支援を担当。

事業会社向けシステムのアプリケーション・インフラ保守開発を経て2019年より現職に従事。パブリッククラウドを利用した概念検証や、レガシーシステムのマイグレーション企画に携わる。

齋藤 護（さいとう まもる）

第3章担当

コーポレートシステム部次長
事業会社向けソリューションの企画、開発、プリセールス、技術支援を担当。
事業会社向けシステムのアプリケーション・インフラ保守開発を経て2019年より現職。事業会社向けにパブリッククラウドを利用した概念検証やレガシーシステムの移行支援を行っている。

上野 宣彦（うえの のぶひこ）
第4章担当
証券システム第二部副部長
証券会社向け情報システム（主にAPI、DX関連）の企画・開発を担当。
証券会社向けの各種システム開発を経験した後、証券会社の情報システム部門・業務統制部門に出向。主にネット証券取引システムの開発案件に委託者として参画。2021年より現職。

植松 良彦（うえまつ よしひこ）
第4章担当
証券システム第三部副部長
証券会社の機関投資家向けエクイティトレーディングシステムの設計・構築を担当。CISA。
証券会社への出向、証券会社のアジア・オセアニア拠点駐在にてアルゴトレード・オーダールーティングなどのエクイティトレーディングシステムの企画・構築へ従事した後、2015年より現職。

大野 敦司（おおの あつし）
第4章担当
システムインフラ第二部次長
証券会社のOA環境の設計・開発・保守を担当。
証券会社向けの各種システムのアプリケーション開発・保守を経験した後、銀行業務の基幹系システムの開発・保守に携わる。2018年より現職。

関 智仁（せき ともひと）
第4章担当
金融システム部上席課長代理
金融機関向けASPサービスの設計・開発・保守を担当。
証券会社向け各種システム開発のアプリケーション開発を経て、2019年より現職。

藤倉 雄一（ふじくら ゆういち）
第5章担当
システム運用部次長
大和総研にて運用するシステム全般の運用管理を担当。
インフラ基盤の設計、保守を経て2012年より運用管理部門のサービスマネージャに従事。金融系を中心としたミッションクリティカルなシステムの運用監視を24時間365日実施、安定稼働を支えている。

栗田 学（くりた まなぶ）
執筆協力
金融ITコンサルティング部副部長
サイバーセキュリティ関連業務を担当。CISM、CISA。
入社以来、主に研究開発、官公庁をはじめとする公的機関からの受託調査研究、コンサルティング業務に従事。学術論文、書籍・レポート、講演など多数。2018年から4年間、金融情報システムセンターへ出向。

カバーデザイン　富澤 崇
DTP　一企画

IT（アイティ）レジリエンスの教科書
止まらないシステムから止まっても素早く復旧するシステムへ

2022年8月5日 初版第1刷発行

著者　大和総研（だいわそうけん）
発行人　佐々木 幹夫
発行所　株式会社 翔泳社（https://www.shoeisha.co.jp）
印刷・製本　株式会社 ワコープラネット

本書へのお問い合わせについては、2ページに記載の内容をお読みください。
落丁・乱丁はお取り替え致します。03-5362-3705までご連絡ください。
ISBN978-4-7981-7574-4　Printed in Japan